资助项目：公益性行业（农业）科研专项（200903009）

——“现代农业产业工程集成技术与模式研究”

保护性耕作

王庆杰　何　进　主编

中国农业科学技术出版社

图书在版编目（CIP）数据

垄作保护性耕作／王庆杰，何进主编．—北京：中国农业科学技术出版社，2013.10

ISBN 978-7-5116-1312-7

Ⅰ.①垄…　Ⅱ.①王…②何…　Ⅲ.①资源保护-垄作　Ⅳ.S341.9

中国版本图书馆 CIP 数据核字（2013）第 136147 号

责任编辑　徐　毅　姚　欢
责任校对　贾晓红

出 版 者　中国农业科学技术出版社
　　　　　　北京市中关村南大街 12 号　邮编：100081
电　　话　（010）82106636（编辑室）（010）82109702（发行部）
　　　　　　（010）82109709（读者服务部）
传　　真　（010）82106631
网　　址　http://www.castp.cn
经 销 者　各地新华书店
印 刷 者　北京富泰印刷有限责任公司
开　　本　787 mm×1 092 mm　1/16
印　　张　13.5
字　　数　230 千字
版　　次　2013 年 10 月第 1 版　2013 年 10 月第 1 次印刷
定　　价　45.00 元

《垄作保护性耕作》
编　委　会

前　言

传统农业机械化技术的发展是一把双刃剑：一方面，它减轻了农民的劳动强度，提高了劳动效率，增加了作物产量，保证了粮食安全；另一方面，农业机械化的发展使耕地退化、水土流失、产量低而不稳、农业经济效益差。因此，只有变革传统耕作的铧式犁翻耕、秸秆移除或焚烧等生产模式，才能促进农业的可持续发展。保护性耕作是对传统农业耕作制度的继承和发展，是耕作制度的发展趋势。以秸秆还田覆盖和少免耕播种为主要技术内容的保护性耕作技术，既能提高粮食产量，又能节约农业用水，降低生产成本；既能发展农业生产，又能保护生态环境，建设农业生态文明；既能立足当前农产品有效供给，又能培肥地力，保持农业可持续发展。因此，发展保护性耕作是我们的必然选择。

我国垄作种植模式主要分布在东北地区，总耕地面积2 972.72万 hm^2，其中，粮食播种面积1 892.33万 hm^2，是我国主要的粮食生产区之一。由于传统垄作每年翻耕起垄等机械作业的原因，导致作业成本升高，土壤退化严重，犁底层上移，耕层厚度减少，蓄水保墒能力下降。耕地资源的现状，影响了粮食稳产高产和农业的可持续发展。农业科研人员在长期田间试验的基础上，通过将保护性耕作技术与传统垄作等相结合，丰富发展了保护性耕作技术，形成了适合我国东北垄作区农业生产的垄作保护性耕作技术模式。垄作少免耕播种技术是将保护性耕作技术和传统垄作技术相结合的一项新型农业生产技术，其基本特征是在高于地面的秸秆覆盖的垄上免耕栽种作物的耕作方式，垄由高凸的垄台和低凹的垄沟组成，垄台一经形成后只是在播种过程中或中耕追肥时对其形状进行修复，作为作物的永久生长带，作业机具车轮则只在垄沟内行驶，可减少机具对作物生长带的压实。该项技术要求永久保持垄台，又有在作物播种前或者中耕时，对垄台进行少量修复。到目前为止，美国、澳大利亚、墨西哥、巴西等国家和地区都有一定面积的应用。

我国垄作保护性耕作技术的研究起步较晚，现在还处于初级阶段，但在东北地区的垄作保护性耕作模式研究与机具开发已经取得了一系列成果。田间试验研究表明，垄作保护性耕作技术有利于提高春季播种时播种带的地温，能有效增加土壤水分，改善土壤结构，减轻土壤侵蚀和减缓土地退化，有利于降低机具作业成本，减少作业功耗，在我国辽宁垄作区具有较大的推广发展潜力。为系统地介绍垄作保护性耕作技术，特编撰此书。

《垄作保护性耕作》一书，总结了近年来垄作保护性耕作技术模式试验研究、机具开发创新、效果监测以及示范推广等方面的成果和经验，可以作为广大垄作保护性耕作技术试验研究人员、技术推广人员、采用垄作保护性耕作技术的合作组织、农机大户、种粮大户等的学习与参考书籍，作为各级领导、科技工作者了解垄作保护性耕作技术的参考。全书共分4篇：第一篇系统地介绍了垄作保护性耕作技术的概念和国内外的发展现状及经验；第二篇详细介绍了国内外的垄作保护性耕作机具结构及其特点；第三篇主要研究了采用垄作保护性耕作技术后对土壤理化、作物产量以及经济效益的影响；第四篇主要介绍了垄作保护性耕作的推广和应用情况。

本书第一章、第二章由中国农业大学王庆杰和吴波编写，第三章由中国农业大学何进、罗红旗和辽宁省农业机械化研究所张旭编写，第四章、第五章由中国农业大学王庆杰、王晓燕和黑龙江省农业机械研究院刘国平编写，第六章、第七章由中国农业大学何进和郑智旗编写，第八章由北京农业职业学院机电工程学院徐迪娟编写，第九章、第十章由辽宁省农业机械化技术推广站刘安东和中国农业大学李问盈编写，第十一章由北京农业职业学院机电工程学院徐迪娟和中国农业大学张想编写，第十二章由中国农业大学何进和胡红编写，第十三章由中国农业大学李问盈和张祥彩编写。全书由王庆杰、何进统稿。

本书由中国农业大学高焕文教授主审，从全书章节的设计到用词、用句都体现了高焕文教授的严谨治学态度，在此表示衷心感谢。书稿编写过程中得到了农业部保护性耕作研究中心所有教师和研究生的大力帮助，在此一并表示感谢！

垄作保护性耕作的研究主要集中在我国东北地区，试验时间较短，许多问题还处于初步研究阶段，某些观点可能存在争议。由于编者水平所限，书中不足之处甚至错误在所难免，欢迎广大读者提出批评意见。

编　者

2013年8月

目　录

第一篇　绪　论

第二篇　垄作保护性耕作机具

第三篇 垄作保护性耕作的土壤理化、作物产量以及经济效益

第四篇　垄作保护性耕作技术推广与应用

第一篇

绪　论

第一章　垄作保护性耕作概述

一、东北垄作区农业发展中存在的问题

我国是主要的干旱国家之一。干旱、半干旱及半湿润偏干旱地区的面积占国土面积的52.5%，遍及昆仑山、秦岭、淮河以北的16个省、市、自治区。目前，旱作农业的面积约3 300万 hm^2。旱农地区的主要问题：一是旱灾频繁、土壤瘠薄、产量低而不稳；二是水土流失、沙尘暴猖獗、焚烧秸秆造成大气污染。东北垄作区为典型的旱作农业区，主要包括东北中东部的三江平原、松辽平原、辽河平原和大小兴安岭等区域（图1－1），涉及黑龙江、吉林、辽宁和内蒙古自治区（以下称内蒙古）东部的261个县（场），总耕地面积2 972.72万 hm^2，其中，粮食播种面积1 892.33万 hm^2，是我国主要的粮食生产区之一。区内东部以平原、缓坡丘陵为主，海拔200～1 200m，土壤肥沃，以黑土、草甸土、暗棕土为主。西部地形以漫岗丘陵为主，间布沙地、沼泽，土壤以栗钙土和草甸土为主。本区气候属温带半干旱和湿润偏旱气候类型，年降水量300～900mm，气温低、无霜期短，种植制度为一年一熟，主要作物为玉米、大豆、小麦、水稻，是我国重要的商品粮基地，机械化程度较高。

垄作法是一种在东北地区行之有效并沿用至今的增温抗旱防涝耕作法，约创始于西周时期，初步发展于春秋战国，大发展于秦汉至隋唐五代，到宋元明清达到成熟阶段，并一直延续至今，中国东北至今仍是普遍实行垄作的地区。传统垄作制，垄高20～30cm，宽45～70cm。一般常采用两种播种方式，一种是起垄垄上播种，即在垄台上开沟播种；另一种方法是换垄播种，即用犁铧破开垄台、把土分向两侧、两侧播种后，在把垄沟内的土壤覆向种床，旧垄变沟、旧沟成垄、换垄播种，一般换一次垄后，可连续两年原垄播种。与平作相比，垄作栽培地面呈波浪形起伏状，地表面积比平作增加25%～30%，增大了接纳太阳辐射量，白天垄上温度比平作高2～3℃，夜间垄作散热面积大，土壤湿度比平作低，增大了土壤日夜温差；在雨水集中

图1-1 东北地区地图

季节，垄台与垄沟位差，便于排水防涝；地势低洼地区，垄作可改善农田生态条件；垄作还因地面呈波状起伏，增加了阻力，能降低风速，减少风蚀。宁夏自治区农业科学院试验表明，垄作比平作增产10%～15%，土壤风蚀量减小90%以上；垄作在作物基部培土，能促进根系生长，提高抗倒伏能力。

虽然传统垄作具有诸多优点，但由于其长年深翻、深耕，起垄作业，形成了坚实的“犁底层”，造成土壤透气、透水性差，土壤结构破坏严重，不能充分体现出垄作的优点，而且我国东北地区冬季和春季风大，而此时地表处于裸露状态，风沙大，风蚀严重，造成土壤肥力下降。这种传统的耕作方式不利于农业的可持续发展，主要表现为以下几个方面。

（一）传统垄作土壤水分损失严重

传统的垄作方式是在对土壤精耕细作的基础上进行的，土壤水分损失严重，造成春季播种困难，影响正常的农业生产，虽然有一些地区采用收获后不翻耕、保持垄形并留高茬覆盖，但是在春季播种前仍然进行全面旋耕灭茬，尽管在冬春季节起到了保护土壤、减少风蚀的作用，但全面旋耕后原垄被破坏，土壤水分严重损失，播种后地表没有明显垄形，甚至有些地区播种时种子播在垄沟（图1-2），只是在中耕施肥时再进行扶垄，如辽宁阜新地区。因此，传统垄作不能充分体现垄作的优势，而且有可能由于水分损失严重影响种子发芽。

图1-2 传统播种机播种后地表状况

（二）秸秆焚烧危害大

传统耕作在整地作业前，为了降低作业难度，将田地中的秸秆进行焚烧，危害很大。一是造成了生物资源的浪费，秸秆除了作为燃料、饲料和肥料外，还可用于种植食用菌、造纸和生产新型墙体材料，可以说，秸秆是个宝；二是导致了大气环境的严重污染，焚烧秸秆会导致空气中总悬浮颗粒数量明显升高，焚烧产生的滚滚浓烟中含有大量的 CO、CO_2 等有毒、有害气体，对人体健康带来不利影响；三是焚烧秸秆还会使土壤表面温度增高，烧死大量的土壤微生物，土壤水分也会损失 65% ~80%，使土壤板结、不耐旱，吸水保墒能力大幅度下降；四是焚烧秸秆极易诱发火灾事故，严重的烟雾还可能影响空中飞机和高速公路上汽车的安全行驶等，每年夏秋季节因秸秆焚烧而引发烧毁庄稼、树木、农舍以及引起飞机航班晚点、延误的事故屡有发生。

（三）肥力下降

传统耕作由于作物收获后将大部分秸秆从田地移走或将其焚烧，导致返回到田地里的秸秆量变少，不利于土壤从秸秆中吸取养分，不能及时补充养分损失，另外，由于过度耕作，加大了土壤中碳的消耗，破坏了土壤结构，也会造成土壤中养分减少。

（四）土壤侵蚀严重

风蚀沙化则是我国东北旱区近年来更为突出的问题，由于过度的开垦及不适当的耕作方式，植被破坏，土地沙漠化越来越快，沙尘暴发生的频率越来越高（图 1－3）。水土流失、生态恶化的原因，除大量开荒、林草植被减少外，还和耕作方式不当、管理粗放密切相关。如旱地采用焚烧秸秆、铧式犁翻耕、土地裸露休闲等，就是不恰当的方式。翻耕可以疏松土壤、翻埋肥料杂草，再经过碎土平地，创造良好的种床，但地表疏松裸露、蒸发与径流大、风刮起沙、水冲土流，是导致沙尘暴猖獗、荒漠化加剧的重要原因。

图 1－3　内蒙古近年沙尘暴

（五）生产成本高，生产效率低，经济效益差

传统垄作生产工序烦琐，机具简单，生产效率低，作业成本高，以辽宁省苏家屯地区为例，其生产工序包括收获后的秸秆搬运（150 元/hm^2）、春季旋耕灭茬（225 元/hm^2）、播种（300 元/hm^2）、喷药（150 元/hm^2）、中耕追肥（225 元/hm^2）、收获（600 元/hm^2）等多项作业，仅田间作业成本即达到1 650元/hm^2（不包括种子、化肥、农药等），按平均产量9 750kg/hm^2 计算，扣除田间作业费，种子、化肥、农药等生产资料费以及查苗、间苗等人工费用，每年的纯收入只有6 000元/hm^2 左右，这种高投入、高产出、低收入的状况不适应农民增收的要求。

因此，为了控制沙尘暴、保护生态环境，提高土壤肥力，改变旱区面貌，在大力推行退耕还林还草的同时，需要大力发展能保护农田、减少农田扬沙、减少土壤水蚀、降低作业成本的保护性耕作法，发展机械化可持续旱地农业。

二、垄作保护性耕作概述

保护性耕作是人们遭遇严重水土流失和风沙危害的惨痛教训之后，逐渐研究和发展起来的一种新型土壤耕作模式。20 世纪 20 ~ 30 年代，美国利用大型机械大面积、多频次翻耕农田，由于气候持续干旱，土地沙化严重，发生了震惊世界的“黑风暴”。1931 年从美国西部干旱地区刮起的“黑风暴”横扫美国大平原，厚达 5 ~ 30cm 的表土被吹走，30 万 hm^2 农田被毁；1935 年的第二次“黑风暴”横扫美国 2/3 国土，3 亿 t 表土被卷进大西洋，毁掉耕地 300 万 hm^2，造成当年全美冬小麦减产 510 万 t，南部各州约 1/4 的人口迁移。1935 年美国成立了土壤保持局，组织土壤、农学、农机等领域专家，开始研究改良传统翻耕耕作方法，研制深松铲、凿式犁等不翻土的农机具，推广少耕、免耕和种植覆盖作物等保护性耕作技术。50 ~ 70 年代，许多地区的研究应用证实了保护性耕作对减少土壤侵蚀有显著效果，但也出现因技术应用不当导致作物减产的现象，使保护性耕作技术推广较慢。80 年代以来，随着耕作机械改进、除草剂的商业化生产以及作物种植结构调整，保护性耕作推广应用步伐加快，目前，美国有近 60% 的耕地实行各种类型的保护性耕作，其中，采用作物残茬覆盖耕作方式的占 53%，采用免耕方式的占 44%。

从 20 世纪 60 年代开始，前苏联、加拿大、澳大利亚、巴西、阿根廷、墨西哥等国家纷纷学习美国的保护性耕作技术，在半干旱地区广泛推广应

用。其中，澳大利亚从80年代开始大规模示范推广覆盖耕作（深松、表土耕作、机械除草）、少耕（深松、表土耕作、化学除草）、免耕（免耕、化学除草）等保护性耕作技术模式，全面取消了铧式犁翻耕的作业方式，目前，北澳大利亚州（北澳）90%～95%的农田、南澳大利亚州（南澳）80%的农田、西澳大利亚州（西澳）60%～65%的农田实行了保护性耕作。加拿大从60年代开始引进保护性耕作技术，80年代开始大规模推广，目前，已有80%的农田采用了高留茬、少免耕等保护性耕作技术模式。以巴西、阿根廷为代表的南美洲保护性耕作应用面积也超过70%，主要是为了降低生产成本和增加农民收入。欧洲保护性耕作应用面积也达到14%以上，主要是为了减少土壤水蚀，降低生产成本。2001年10月初，FAO（Food and Agriculture Organization）与欧洲保护性农业联合会在西班牙召开了第一届世界保护性农业大会，提出全面推进保护性耕作发展的倡议。目前，保护性耕作在北美、南美、澳洲、欧洲、非洲、亚洲推广应用总面积达到了25.35亿亩（1亩≈667m^2，全书同），显示出良好的生态经济效果和发展前景。

20世纪70年代末，我国开始引进和试验示范少免耕、深松、秸秆覆盖等单项保护性耕作技术，但受技术、机具及社会经济发展水平等因素的限制，这些技术只在部分地区进行小规模的示范试验，推广应用面积不大。20世纪90年代以来，随着现代农业技术的进步，保护性耕作研究与示范工作发展速度加快。在西北旱区，以少免耕播种和地表覆盖为主体的保护性耕作技术得到推广应用；在华北灌溉两熟区，小麦秸秆还田及夏玉米免耕覆盖耕作技术得到了大力发展；在东北一年一熟旱作区，玉米垄作少耕及留茬覆盖耕作技术开始一定规模的示范应用；在南方稻麦两熟及双季稻区，也开展了以免耕覆盖轻型栽培为主要形式的保护性耕作技术示范工作。进入21世纪，保护性耕作技术研究与示范推广工作得到各级政府高度重视。2002年起中央财政设立专项资金，每年投入3 000万元，开始有组织有计划地加大保护性耕作示范应用力度，通过技术培训、宣传咨询、作业补贴与样机购置等形式，开展保护性耕作示范工程建设。截至2007年年底，中央财政累计投入1.7亿元，加上地方投入，保护性耕作技术已在我国北方15个省（市、区）的501个县设点示范，实施面积3 000多万亩，涉及400多万农户。

从近5年的保护性耕作示范工程实施情况看，尽管仍存在一些问题，但总体实施成效还是很明显的，得到了项目区农民的认同和当地政府的重视。其技术效果主要体现为：减轻农田水土侵蚀，通过农田免耕和秸秆覆盖有效控制了农田水土流失，并起到抑制农田扬尘作用；提高农田蓄水保墒能力，免耕覆盖改善了土壤孔隙分布，可以有效地减少土壤水分蒸发和增加土壤蓄水量；提升农田耕层土壤肥力，秸秆还田及减少动土次数能够提高表层土壤有机质和养分含量；省工、省时、节本增效，通过减少土壤耕作次数和复式作业，减少机械动力和燃油消耗成本，降低农民劳动强度。同时，示范工程也积极探索了有效的运行机制及服务方式，并初步形成了多种具有区域特色的保护性耕作技术模式。

虽然我国保护性耕作近年来得到了快速发展，取得了显著的经济、社会、环境效益，但仍处于起步阶段。通过对试验示范的总结，在保护性耕作技术示范推广过程中主要存在 4 个方面的问题：第一，观念和认识上有待加强，保护性耕作不仅仅是耕作技术的变革，同时带来农作物栽培制度、农田管理措施及传统农耕习惯与管理模式等一系列变化，作物增产和综合效益具有缓释性，多数农民习惯于已有的生产方式，更多关注作物产量、短期经济效益和变革带来的风险，对保护性耕作的认识还有个逐步深化和接受的过程；第二，基层技术推广服务能力总体偏弱，技术推广人员知识结构亟待改善。从国外发展情况看，保护性耕作推广初期均需由政府加以支持、引导；从我国现状看，基层推广机构的服务手段和装备水平较低，技术推广人员认识水平也不够高，在很大程度上成为影响保护性耕作发展的重要因素之一；第三，技术体系尚需进一步完善，农机农艺结合需进一步加强，保护性耕作技术支撑能力不足，适应不同区域、不同农耕制度的技术体系尚未完全建立，一些作物的保护性耕作技术模式和技术路线尚需进一步完善，农机和农艺的结合需进一步加强，与保护性耕作相关联的技术问题如杂草控制、病虫害防治、水肥管理与有效利用等尚需加大统筹协调力度，实现整体推进，农机的适应性和可靠性还需在实践中进一步提高，专用机具供应能力需加快提升；第四，保护性耕作的长效机制还未建立，农民的主体地位还有待确立，市场机制和服务体系有待培育和发展，农机大户及农机专业服务队、农机作业服务公司等保护性耕作专业服务组织的传、帮、带作用有待充分发挥。

从发展趋势看，保护性耕作技术符合资源节约型和环境友好型农业发展要求，是国际农业技术发展的主要方向，也是我国可持续农业技术发展的主要趋势。如何从我国国情出发，进一步完善区域保护性耕作技术模式及技术体系，加大保护性耕作技术示范推广力度，促进该项技术的成熟和发展，对于保护与恢复生态环境、发展现代农业、实现可持续发展均有十分重大的作用。

垄作保护性耕作技术应用主要集中在我国东北地区，这些地区春季气温较低，采用垄作技术的目的是提高播种带地温，便于田间管理，提高作物产量等，目前，主要种植作物是玉米。另外，在我国的华北、西北等部分地区也存在一定面积的垄作，主要目的是便于田间管理，提高作物产量。

（一）垄作保护性耕作定义

垄作保护性耕作就是将保护性耕作技术和我国传统垄作技术相结合的一项新型农业技术。其基本特征是在高于地面的秸秆覆盖的垄上免耕栽种作物的耕作方式，垄由高凸的垄台和低凹的垄沟组成，垄台一经形成后只是在播种过程中或中耕追肥时对其形状进行修复，作为作物的永久生长带，作业机具车轮则只在垄沟内行驶，可减少机具对作物生长带的压实（图 1－4）。世界各国多年的试验研究表明，垄作保护性耕作技术是一项高效节水、保土、增产的技术，有利于农业的可持续发展。

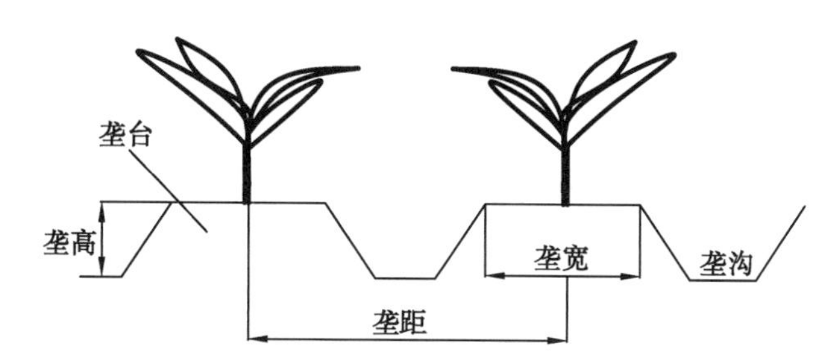

图 1－4　垄作保护性耕作截面示意图

（二）垄作保护性耕作的主要内容

机械化垄作保护性耕作主要包括以下 5 项基本内容。

1. 秸秆残茬管理

（1）秸秆还田的作用

作物收获后，秸秆残茬覆盖地表是保护性耕作技术的基本内容之一，也是垄作保护性耕作的基本内容之一。

秸秆粉碎直接还田不仅是净化环境，发展生态农业的有效措施，而且是改良土壤，培肥地力的重要途径，也是农户大面积补充和更新土壤有机质的简易办法之一。

①秸秆含有大量的有机质和丰富的养分。秸秆因作物不同养分含量也不同，例如，豆秸含氮 1.3%、磷 0.3%、钾 0.5%。豆米秸秆含氮 0.5%、磷 1.4%、钾 0.9%。麦秸含氮 0.5%、磷 0.2%、钾 0.6%。小麦每公顷还田 3 750～5 250 kg 计算，每公顷可回收纯氮 18.75～25.5kg，纯磷 7.5～

10.5kg，纯钾22.5～30kg，折合尿素40.5～57kg，三料过石16.2～22.8kg，硫酸钾45～60kg。此外，秸秆还田还能增加钾、钙、硫、硅和微量元素，并能补偿土壤有机质的损耗和增加土壤新鲜有机质含量。

②秸秆还田有一定的保氮和促进固氮作用。这是因为新鲜秸秆施入土壤后，为好气性和嫌气性的自生固氮菌提供碳源和能源，从而促进了土壤的固氮作用。另外，由于丰富碳源和能源促进了各种微生物活动旺盛和繁殖，微生物分解有机质，释放养分供作物生长，使土壤肥力不断更新，同时较多地吸收土壤的速效氮，利于保存氮素，可供下茬作物利用。

③秸秆还田可改善土壤的物理性状。改良土壤耕性，据试验表明，秸秆还田可使土壤水稳性团粒显著增加，连续麦秆还田，土壤中水稳性团聚体为51.7%，而对照为21.7%。降低土壤容重增加土壤孔隙度，疏松土质，改善白浆土土壤通气性和透水性。

④秸秆还田能提高作物产量。能否增产与秸秆还田数量、质量、时间、位置、墒情以及施氮有着密切关系。秸秆还田直接作用，实质上是在土壤中进行矿质化和腐殖化，其中，水分和温度的影响最大。在土温30℃左右，湿度在田间持水量的60%～80%，微生物的活动强度大、秸秆分解快。

⑤秸秆还田要注意增施氮肥，秸秆与适量的氮肥一起施用，能起到事半功倍的效果，一是提高秸秆有机物分解张度，加速秸秆腐解速度；二是满足后茬作物对土壤有效氮的需求；避免秸秆分解过程中土壤有效氮的亏缺；三是它是经济合理施肥和提高氮肥利用率的一种施肥手段。秸秆还田在其腐烂过程中，微生物分解有机质时，需要最适宜的碳氮比，适宜碳氮比为25∶1。即每同化100份碳约需摄取4份氮素。如碳素多氮素少，不仅秸秆分解缓慢，微生物还争夺土壤中的氮素，因而土壤中速效氮含量有所下降，使下茬作物苗黄苗弱，影响作物的生长发育。通常秸秆的碳氮比为（80～100）∶1，而土壤微生物分解时最适合的碳氮比是25∶1。明显缺氮。为调节上壤碳氮比值，在还田时可加部分氮肥、经试验每50kg秸秆加0.75kg尿素或下茬施肥时适当增加氮肥，可提高秸秆还田效果。如果用厩肥、堆肥可直接均匀抛撒在秸秆上，然后进行还田作业。也可采取秸秆粉碎后喷施尿素溶液再翻耙还田的办法。

（2）秸秆覆盖的形式

前茬作物覆盖地表有利于减少水土流失、抑制扬沙，但是，地表秸秆覆盖量的多少会影响播种质量，因此，要考虑保留多少秸秆、秸秆如何处理及秸秆在地表的分布等问题。一般情况下，秸秆覆盖越多，覆盖效果越好，但过多的秸秆覆盖或秸秆堆积，将严重影响播种质量。目前，一般标准为播种后地表保留30%以上的秸秆覆盖即可，同时要求覆盖均匀。目前，在东北垄作区主要有3种形式的秸秆残茬覆盖技术，包括高留茬覆盖、碎秆覆盖、整秆覆盖（图1－5）。

高留茬

碎秆

整秆

图1－5　不同秸秆碎茬覆盖方式下的垄作地表

高留茬覆盖：秋季玉米收获时，将玉米秸秆的上半部分人工移走，地表留茬高度25cm左右作为覆盖物。

碎秆覆盖：秋季玉米收获以后，使用秸秆粉碎机将全部秸秆直接还田，均匀铺撒在田间进行覆盖。

整秆覆盖：秋季玉米人工摘穗收获后，整秆直立在田间覆盖。

（3）秸秆覆盖量的选择

秸秆覆盖量的多少以及覆盖方式与保护性耕作的保水、保土、保肥效果有密切关系，一般来说，秸秆残茬覆盖量越多，保水、保土、保肥效果越好。但是，由于采用免耕播种，秸秆覆盖也会给免耕播种带来如下一些麻烦。

①秸秆覆盖量过大，免耕播种时容易造成机具堵塞，影响播种质量。

②秸秆腐烂过程中会与作物争氮，秸秆覆盖量越大，要求增施的氮肥就越多。

③秸秆覆盖量过大，会增加玉米中耕期机具作业的困难，影响作业质量。

④秸秆覆盖量过小，会影响保护性耕作效果，达不到预期目的。

因此，需要根据具体情况，选择适当的秸秆覆盖量以及秸秆覆盖方式，这也是保护性耕作技术能否顺利发展的关键。

2. 原垄免耕施肥播种

原垄免耕施肥播种是垄作保护性耕作的核心内容。其概念是相对传统翻耕垄作而言，实施保护性耕作时，种子和肥料同时播施到有秸秆覆盖的地里，除了播种和施肥外，不再搅动土壤，而且播种过程中尽可能少的破坏垄台。由于是在秸秆残茬覆盖的原垄上进行播种施肥，因此，要求播种机必须具有良好的防堵通过性能、破茬入土性能、大量施肥、深施肥及良好的覆土镇压功能。另外，为了保证原垄免耕播种，一般还要求播种机应该具有垄台稳定装置。国内外多年研究表明，长期免耕播种能有效提高土壤物理、化学和微生物性状，为作物生长创造良好的土壤条件，提高作物产量和农民收入。

（1）清草防堵功能

垄作免耕施肥播种机的防堵性是指在垄上免（少）耕及地表有秸秆残茬覆盖条件下进行施肥播种等作业时，作业机组所具有的防止秸秆覆盖物堵塞的能力，也可以称为秸秆覆盖地上作业机组的通过性。

①影响免耕施肥播种机防堵性的因素有以下几点。

a. 地表秸秆、杂草的覆盖量。秸秆覆盖量越大，堵塞的可能性越大。

b. 覆盖秸秆的长度。秸秆长度大于开沟器间距时，横架在两个开沟器前的可能性越大；即使是秸秆长度短于开沟器间距，但长秸秆挂在开沟器铲柄上后，不易随作业机组前进产生的抖动脱落，堵塞的可能性也大。这也是为什么当秸秆覆盖量大时需要进行良好秸秆粉碎作业的原因。

c. 秸秆的含水量。秸秆含水量越大，秸秆之间的黏滞力越大，随机组前进带走的秸秆越多，当秸秆积聚到不能从两个开沟器间通过时，必然发生堵塞；秸秆越干，表面越光滑，流动性就越好，产生堵塞的可能性就小。

d. 秸秆的韧性。东北玉米垄作区实行一年一作制，玉米产量高，根茬粗大，且由于气温低、降水量少，虽然经历 10 月至翌年 4 月的冬季休闲，根茬仍然不易腐烂，处理难度大，秸秆韧性大，不易折断，因此，容易堵塞作业机组。

e. 开沟器的类型。圆盘开沟器属滚动式开沟器，沿有秸秆覆盖的地面滚动时被秸秆缠绕的可能性小，因此，防堵能力强；尖角型、锄铲型等移动式开沟器由于铲柄直立于地面移动，无法避免秸秆缠绕，因此，防堵性差。

f. 开沟器与机架形成的秸秆通过空间。这是影响秸秆通过性的重要因素。只要秸秆覆盖量不是过大、秸秆不是过长，且免耕施肥播种机两个开沟器与机架形成的秸秆通过空间足够大时，免耕施肥播种作业时出现堵塞的可能性就小。国外大农场使用的多梁小麦免耕施肥播种机就是利用了这个原理，将开沟器布置在前后 5 排梁上，这样，在同一梁上的开沟器间距就可达 1m 以上，一般不需要秸秆处理而直接顺利播种；玉米茬在收获后只需重耙灭茬一次（同时压倒秸秆并有部分秸秆被切断），第二年即可直接用圆盘开沟器式的播种机施肥播种。

显然，由于我国东北垄作农业生产的产量高，地表覆盖的秸秆量大，秸秆粗大不易腐烂，以及受拖拉机动力小、地块面积小、经济水平低等因素的影响，我国的免耕施肥播种机大多采用悬挂式机组及移动式尖角型开沟器。因此，在我国推广实施保护性耕作的作业机组尤其是免耕施肥播种机的防堵性要求就远比国外高、难度大。

②目前的垄作免耕播种机采用的防堵技术：

a. 部件防堵。主要是指在播种机部件选择和设计中采用有利于提高通过性的部件，如采用种肥垂直分施技术可以减小种肥侧位分施时形成的堵塞截面；采用滚动性好的大直径镇压轮可以减少小直径镇压轮不转动时所造成的拖动堵塞；采用圆盘开沟器可以减少秸秆、残茬或杂草的缠绕等。

圆盘滚动式开沟器具有良好的防堵性能，因此，在国外免耕播种机上应用较多，但由于圆盘开沟器需要较大的正压力才能入土，使得播种机质量偏大；另外，圆盘开沟器种肥分施能力差，不适合我国农业生产化肥用量大的现实。但从防堵角度看，圆盘滚动式开沟技术优于移动式开沟技术。

b. 装置防堵。装置防堵技术有非动力式防堵技术和动力驱动式防堵技术两种。

第一种，非动力式防堵。

非动力式防堵装置也可称之为随动式，即其随播种机一起前进且线速度与拖拉机基本一致，也有人称之为被动式防堵技术。

常用的防堵装置有开沟器前加装分草板、分草圆盘（单圆盘、双圆盘、平面圆盘、凹面圆盘、凹面缺口圆盘等）、分草板、行间压草器、轮齿式拨草轮等，播种作业时，分草板或分草圆盘将种行上经过粉碎的秸秆推到两边，减少开沟器铲柄与秸秆的接触，实现防堵；也有的是在开沟器前加装“八”字形布置的分草轮齿，播种作业中，利用轮齿将播种行上的秸秆向侧后方拨开，实现防堵。这几种技术结构简单，有一定的防堵效果，适合于粉碎后秸秆量较大的条件下的玉米播种。

秸秆粉碎还田机作业时不可能100%达到全部秸秆粉碎到一定长度（如国标规定的粉碎质量为≤10cm的秸秆量≥85%即为合格），所以，即使是秸秆粉碎还田后，当秸秆覆盖量大、潮湿、通过空间受限等情况出现时，也会出现堵塞。所以，在此情况下，需要采用动力驱动式防堵技术。

第二种，动力式防堵。

动力驱动式防堵技术也称为主动式防堵技术，它是利用拖拉机动力驱动安装在开沟器前的防堵装置，通过对挂结在开沟铲柄或堆积在工作部件间的秸秆进行粉碎、击落、抛撒等作用实现防堵。另外，动力驱动式破茬开沟技术、带状粉碎、带状旋耕等均属于动力驱动式防堵技术。如带状粉碎式防堵技术就是在播种开沟器前安装粉碎直刀，利用动力驱动高速旋转，将开沟器前方的秸秆粉碎，并利用高速旋转的动能，使粉碎后的秸秆沿保护粉碎装置的抛撒弧板抛到开沟器后方，实现防堵。但是该种防堵方式对垄台破坏较大，需要及时修复垄台。

（2）地面仿形功能

垄作免耕播种机作业时地表条件恶劣，地表有前序作业时拖拉机进地压出的沟辙，有深松时开出的深松沟和较大的土块，有随作物生长出现的植株根部突起（如玉米根茬），有起伏不定的垄台，还有大量的覆盖不会完全均匀一致的秸秆。这些条件的存在，影响免耕施肥播种质量，尤其是对播深控制影响较大。而播深一致是播种作业保证苗齐、苗全、苗壮的基本要求。因此，为了提高免耕施肥播种的质量，除了进行必要的地表耕作外，还必须考虑免耕施肥播种机的仿形性能，即在地表不平条件下保持播种深度一致的能力。

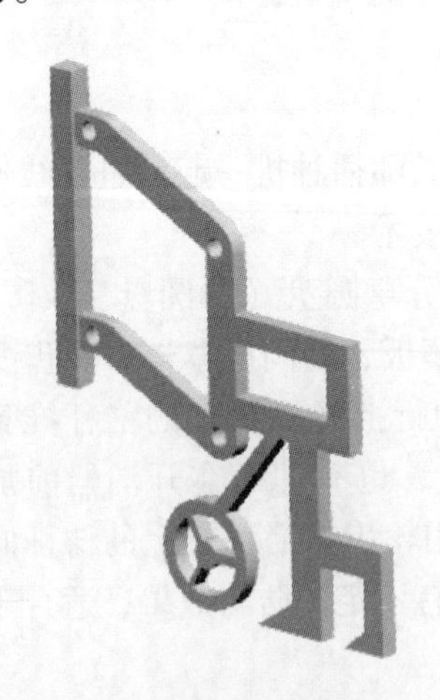

图 1-6　平行四连杆仿形机构

免耕施肥播种机的仿形按其结构形式可分为单体仿形和整体仿形两种。单体仿形是指播种机上的每一个或一组开沟单体上配置一套仿形机构，由播种单体适应地表的起伏，各单体之间互不干扰，因而仿形效果好，但结构相对复杂、播种机重量加大、影响机组的纵向稳定性、制造成本高。整体仿形是指利用播种机的地轮仿形，因而结构简单，但仿形效果要差于单体仿形。目前，在免耕播种机应用最多的一种仿形机构为平行四连杆机构（图 1-6）。

（3）破茬入土功能

免耕地面比较坚硬，开沟器碰到玉米根茬时需要切开破茬，因此，要求选择入土能力强的开沟器。少动土、少跑墒是保护性耕作的基本要求。免耕施肥播种时，地表有秸秆残茬覆盖，有的土壤紧实，要求有良好的破茬开沟技术，这是实现免耕播种的关键技术之一。

目前，保护性耕作技术实施中所采用的破茬开沟技术主要有以下几种。

①移动式破茬开沟技术。目前，主要应用窄形尖角式开沟器破茬开沟。窄形尖角式开沟器为锐角开沟，入土能力强，对土壤的扰动少，消耗动力小，易于实现较深的破茬开沟。一般开沟深度为 10cm 左右，可以实现肥下、种上的分层施播。小麦等密植作物根茬小，对窄形开沟器的影响也小；玉米类作物根茬大，但大部分主根和须根集中在地表下 4～7.2cm，当开沟深度达到 10cm 时，开沟铲尖从根下经过，可将根茬挑起，顺利实现破茬开沟。

②滚动式破茬开沟技术。主要有滑刀式和圆盘刀式两种。应用较多的是圆盘刀式破茬开沟。圆盘刀式破茬开沟的原理是利用各种圆盘（缺口式、波纹式、平面式、凹面式等），以一定的正压力沿地表滚动，切开根茬和土壤，实现播种、施肥等。平面圆盘如果与播种机前进方向平行，则圆盘的作用只是切开根茬、切断杂草和秸秆、在土壤表面切出一道缝。后边另有开沟器用于播种；平面圆盘如与播种机组前进方向有一定的夹角（如美国 John Deere 公司生产 1560 型和 1590 型等免耕条播种上，开沟平圆盘与前进方向的夹角为 7°），则可直接在圆盘所开沟内播种、施肥。凹面圆盘同样与前进方向有一定夹角，工作时，可利用圆盘的角度及滚动，将秸秆、根茬和表土抛离原位，实现破茬开沟。

圆盘开沟器的优点是工作部件沿地面滚动，通过能力强；直圆盘开沟时，开沟窄，对土壤的扰动少（如美国 John Deere 公司生产 1560 型和 1590 型等免耕条播种机理论动土量只有 11%）。缺点是钝角入土，必须有足够的正压力才能保证破茬和入土性能，因而，机器质量大，结构复杂，制造精度和材料要求高。凹面圆盘的缺点是动土量大，回土差，需要另配覆土装置，播种机结构复杂，播种后地面平整度也差。

③动力驱动式破茬开沟技术。其原理是利用拖拉机的动力输出轴，驱动安装在播种机开沟器前方的防堵装置，通过安装在旋转轴上的破茬防堵部件入土破茬。破茬防堵部件有旋耕刀式、直刀式或圆盘刀式等。

（4）种肥分施功能

我国由于人多地少，粮食安全问题突出，由于长期追求产量的增加，导致了土壤肥力下降严重，因此，必须施用更多的肥料才能维持相应的产量。我国保护性耕作施肥量较大，施肥技术是保护性耕作生产的重要环节。

肥料主要分为有机肥料和无机肥料两大类。我国目前的现实情况是除少数畜牧业发达的地方外，有机肥料日趋减少，需要施用大量的化肥才能获得必要的产量。

农作物生长中施肥主要有基肥（也叫底肥）、种肥和追肥3种。传统耕作中，基肥可以先撒在地表，耕地时翻入土中或通过旋耕与土壤混合。保护性耕作取消了铧式犁翻耕，基肥和种肥必须在免耕播种时一次性施入土壤中。

基肥和种肥一次性施入土壤中时，由于施肥量大，如辽宁地区，播种时的基肥加种肥用量一般为450~600kg/hm^2，为防止烧种，必须肥、种分施，且要求肥、种间隔一定的距离。

玉米播种由于行距较大，种、肥分施方式主要有两种：侧位分施和垂直分层施肥。侧位分施又有侧位水平分施和侧位深施两种，侧位水平分施是指将化肥施于种子侧面且与种同深；侧位深施则是将化肥施于种子的侧下方。垂直分层施肥是将化肥施于种子正下方，与种子同沟但深度不同。

侧位施肥的优点：种肥不同沟，一般不会出现烧种现象，种子深度容易控制。

侧位施肥的缺点：秸秆通过性差，容易造成机具堵塞，另外，该种方式动土量较大，对垄台破坏较严重。

垂直分层施肥的优点：动土量小，防堵能力强。

垂直分层施肥的缺点：开沟深度大，需要在开沟施肥后有一定的回土再进行播种，而回土速度和回土量受土壤墒情的影响，有可能出现回土不及时或由于出现较大的土块使播种深度的变异增大，即播种深度的一致性变差。

（5）镇压功能

免耕播种由于去掉播前翻耕、整地等作业，开沟播种时易出现较大的土块，在土壤黏度大、含水量高的情况下更容易出现。一是会影响播种深度一致性；二是易出现土块架空，种子与土壤接触不实。这两种情况都会影响播种质量。因此，实施免耕播种时，要求播种机需要有镇压装置，该装置主要有两个功能：一是压碎较大的土块；二是播种后，对种子上方的土壤进行镇压，保证种子和土壤紧密接触。

目前，免耕播种后的镇压均采用较大的镇压轮，利用镇压轮的自身质量对土块进行压碎和对种行上的覆土进行压密。也有的在镇压轮上加装加压弹簧，适当将播种机机架上的质量转移到镇压轮上，保证镇压效果。图1-7为目前免耕播种机上常用的几种镇压轮形状。

3. 垄台修复

玉米在田间生长过程中，一般需要进行间苗、除草、松土、培土、灌溉、施肥和防治病虫害等作业，都统称为田间管理作业。田间管理的作用是按照农业技术要求，通过间苗控制作物单位面积的有效苗数、并保证禾苗在

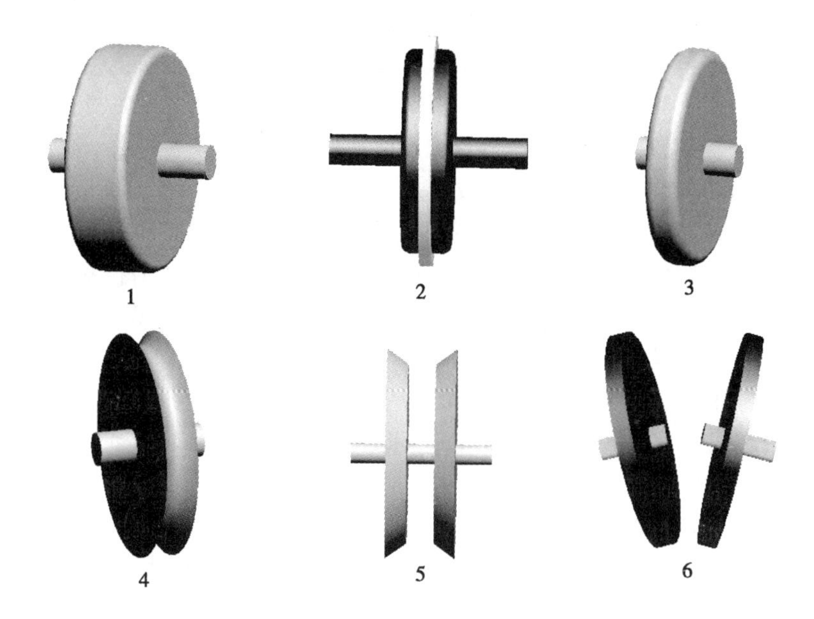

图 1－7　常用镇压轮的结构型式

1. 圆柱平面轮；2. 圆柱单肋轮；3. 圆柱凸面轮；4. 圆柱凹面轮；
5. 圆锥分离轮；6. “V”形组合镇压轮

田间合理分布；通过松土防止土壤板结和返碱，减少水分蒸发，提高地温，促使微生物活动，加速肥料分解；通过向作物根部培土，促进作物根系生长、防止倒伏，创造良好的土壤条件；在东北垄作区，中耕期需要对原有垄台进行修复覆土。主要有两个目的：

①春季原垄免耕玉米播种后，由于播种机土壤工作部件对垄台产生破坏，为了延续垄台的优势，需要对垄台进行修复。

②为下一年原垄免耕播种准备完整垄台。

4. 杂草及病虫害防控

实施保护性耕作后的土壤环境变化，一般会导致病虫草害的增加。因而，能否成功的防控病虫草害，往往成为保护性耕作能否成功的关键。我国东北地区由于低温和干旱，总体上杂草和病虫危害不会太严重，但仍然需要实时观察、发现问题、及时处理。杂草用喷除草剂、机械或人工除灭，病虫害主要靠农药拌种预防，发现虫害后喷洒杀虫剂。

（1）杂草控制的药物使用

①在玉米播后出苗前，采用化学除草剂进行土壤封闭防除。推荐选用：

金都尔、乙草胺、金都尔 +2,4-D 丁酯或乙草胺 +2,4-D 丁酯等除草剂。

②在玉米苗期，采用高效、低毒、低残留的阔叶类杂草化学除草剂防除。推荐选用：48%乙·莠（乙草胺、莠去津）和玉瑞（41%异丙草·莠悬浮剂）等除草剂。

③在施药的同时应该联合机械和人力等除草。

（2）玉米病虫害控制的药物使用

①可以按照传统耕作方式病虫害防治技术执行，主要防治技术包括：选用抗病品种、种子包衣、药剂拌种、合理轮作、及时除草清田和有的放矢的化学药剂等综合措施。

②为了能够充分发挥化学药品的有效作用并尽量防止可能产生的危害，选用的化学药品必须做到高效、低毒、低残留。

5. 深松作业

保护性耕作主要靠作物根系和蚯蚓等生物松土，但由于作业时机具及人畜对地面的压实，还是有机械松土的必要，特别是新采用保护性耕作的地块，可能有犁底层存在，应先进行一次深松，打破硬底层。在保护性耕作实施初期，土壤的自我疏松能力还不强，深松作业也有必要。根据土壤情况，一般 2 ~3 年深松一次，直到土壤具备自我疏松能力，可以不再深松。但有些土壤，可能一直需要定期松动。深松作业是在地表有秸秆覆盖的情况下进行的，要求深松机有较强的防堵能力。

图 1 –8　大雨过后垄沟水土流失

对于垄作保护性耕作来说，深松的主要方式就是垄沟深松，这主要是由于在原垄播种或田间管理过程中，拖拉机和作业机具都行走在垄沟内，对垄沟压实严重，土壤紧实度高会导致土壤水分入渗困难，在发生较大降雨时，容易发生径流（图 1 –8）。

三、垄作保护性耕作技术的优势

国内外研究表明，垄作保护性耕作与平作相比，主要具有如下优势。

①提高光能利用率。垄作栽培开沟起垄，改变了田间的微地形，可加大地表面积，扩大田间受光面积，增加对太阳能的吸收效率，从而提高土壤温

度，有利于提高微生物活动力。

②垄台土层厚，土壤空隙度大，不易板结，有利于作物根系生长。

③垄台与垄沟的位差大，大雨后有利排水防涝，干旱时可顺沟灌溉以免受旱。

④垄台能阻风和降低风速；被风吹起的土粒落入邻近垄沟，可减少风蚀。植株基部培土较高，可防倒伏。

⑤提高肥料利用效率10% ~15%，有利集中施肥，可节约肥料。

⑥有利于采用机械方式除草，减少对化学除草剂的依赖，减轻农业化学污染。

⑦降低作业成本。由于垄作保护性耕作采用原垄免耕播种，减少了播种前的作业工序，从而可降低作业成本。

⑧采用免耕和残茬覆盖，可以改善土壤结构，增加有机质含量，同时能减少对水和大气的污染，保护生态环境。

因此，传统垄作与保护性耕作技术相结合可以有效地解决传统垄作保墒难、水分损失严重的问题。该项技术不仅可有效地解决传统垄作春季播种时土壤水分不足的问题，而且还能够降低机具作业成本，从而降低农民生产投入。另外，传统垄作与保护性耕作技术的结合还具有防止水土流失、保持前茬作物及土壤生物留下的大量孔隙，改善土壤养分状况等优势。

垄作与保护性耕作技术的结合适合我国东北的气候特点，在研究过程中应该充分考虑到农业的可持续发展，走农机与农艺相结合的道路。在国外已经有很多科研工作者针对垄作保护性耕作的效益以及模式进行了大量的研究工作，在国内也有许多科研工作者针对东北垄作区的气候特点以及种植模式对传统垄作以及保护性耕作技术进行了大量的研究工作。

第二章　国外垄作保护性耕作的发展经验

国外在作物垄作栽培技术上的研究起步较早，早在20世纪40年代已经有对作物垄作栽培技术研究的报道。近年来作物垄作技术已由原来雨量稀少而多暴雨的半干旱地区扩大到热带草原，由中耕作物扩大到麦类作物，由旱地农业扩展到灌溉农业，垄作技术得到广泛的推广，因此，针对垄作技术的研究显得尤为重要。在国外，垄作技术被定义为连年在原垄上进行种植，不翻地，春季播种时也不起垄，垄作本身就包含了残茬覆盖地表免耕播种等内容，属于保护性耕作的范畴。

一、美国垄作保护性耕作

（一）美国农业概况

美国地处北美大陆南部，北邻加拿大，东濒大西洋，西临太平洋，南接墨西哥和墨西哥湾。本土介于北纬3°~49°。国土面积937万km^2。1994年全国总人口2.6亿，占世界人口的4.63%。人口密度为每平方公里27.7人。美国是世界上城市化程度最高的国家之一，城市人口占全国人口的75%以上，因此，农村就更显得地广人稀。美国的务农人口在1870年占52%，1910年为32%，1994年已经下降到了2%。

美国自然资源丰富，发展农业有着得天独厚的条件。全国大部分地区雨量充沛而且分布比较均匀，平均年降水量为760mm。土地、草原和森林资源的拥有量均位于世界前列。土质肥沃，海拔500m以下的平原占国土面积的55%，有利于农业的机械化耕作和规模经营，美国的耕地面积约占国土总面积的20%，为18 817万hm^2，人均接近0.8hm^2。美国还有永久性草地2.4亿hm^2，森林和林地2.65亿hm^2。美国农业也有些不利的条件，如山脉多是南北走向，北方的寒流可以长驱直入，影响南部地区作物的生长。

美国早在20世纪30年代就开始研究垄作区田，肯定了垄作既是有效的水土保持措施，又是增加土壤水分的防旱手段，使土壤环境趋于稳定。70

年代美国的农业专家加大了对垄作技术的研究，并且扩大运用这一耕作措施的作物种类及面积，把垄作由原来雨量稀少而多暴雨的半干旱地区扩大到热带草原，由中耕作物扩大到麦类作物，由旱地农业扩展到灌溉农业。2001年美国约有50%的耕地采用以起垄、覆盖、少（免）耕为特点的保护性耕作法（图2－1）。

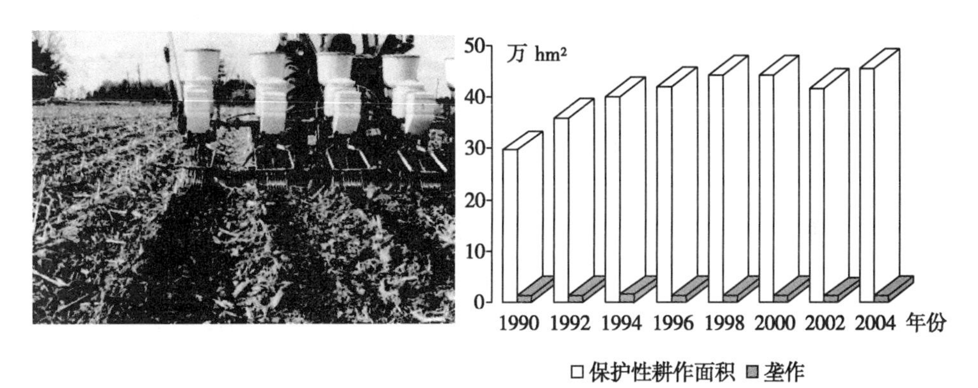

图2－1　美国垄作与保护性耕作发展情况

垄作主要作业工序包括：

① 切碎作物茎秆。

② 在垄上播种。

③ 中耕培土。

美国的垄作大豆的长势，播种时，种子播在10～15cm高的垄上。垄是在上一年作物中耕时形成的。安装在播种机前面土铲或其他一些垄上清理装置，将作物秸秆推到中行内，这样就会产生一个耕整过的种床，作物在行间可以减少土壤侵蚀。播种时，垄上喷洒除草剂，行间的杂草主要是靠中耕来控制。一般要求进行一次中耕，以控制杂草并建立垄台，必要时，进行另一次中耕来控制杂草。

（二）美国保护性耕作技术研究现状

美国科研工作者对垄作保护性耕作技术及配套机具研究起步较早，主要是针对垄作保护性耕作技术对田间土壤水分、养分分布及利用率，土壤理化特性的影响研究。

在美国的密苏里州，Kitchen 等的研究表明，垄作具有防涝作用，在雨水较多时，垄作能够合理分配田间水分，在持续多雨的季节，垄台能够保持相对干燥，防止涝灾。

在纽约北部，Karunatilake 等对免耕、垄作以及传统翻耕作业进行的对比研究表明，免耕与垄作二者之间的土壤含水量相差不明显，都显著高于传统，另外，在 1992 ~1999 年的小麦平均产量上，垄作模式为 7.67Mg/hm^2，免耕模式为 7.26Mg/hm^2，而传统的春季翻耕模式为 6.42Mg/hm^2，垄作模式的作物产量明显高于传统春季翻耕模式。

2001 年，Joseph 等在美国的达科他州（美国过去一地区名，现分为南、北达科他州）研究垄作和凿形松土犁式耕作方式对作物产量和土壤影响时提出，土壤的 pH 值受土壤耕作的影响较小，而土壤有机碳在 0 ~20cm 的传统耕作为 56Mg/hm^2，高于垄作的 43Mg/hm^2。另外，在土壤容重方面，垄作（1.52g/cm^3）模式下的土壤容重明显高于传统耕作（1.44g/cm^3），两种耕作方式对作物产量影响的差异不显著，而在土壤抗侵蚀方面垄作明显优于传统的耕作方式。

2002 年，David 等在美国达科他州的研究表明垄作技术施肥的利用率高于传统平作，而在杀虫剂的使用上垄作明显高于传统平作，在燃油使用以及劳动力上，垄作与传统相比分别降低了 18% ~22% 和 24% ~27% 。

另外，1990 年 Jones 认为垄作区田特别适合深根系作物。因为垄作区田底层土壤比上层土壤水分充足。

二、澳大利亚垄作保护性耕作

（一）澳大利亚农业概况

澳大利亚是个幅员辽阔、资源丰富而人口稀少的国家，面积 768.23 万 km^2，人口 2002 年年底为 1 978.66万。全国分为 6 个州和 2 个地区，即新南威尔士州（新州）、维多利亚州（维州）、昆士兰州（昆州）、南澳大利亚州（南澳）、西澳大利亚州（西澳）、塔斯马尼亚州（塔州），以及北部地区和首都堪培拉地区。澳大利亚是世界上干旱少雨的地区，淡水资源比较缺乏。澳大利亚作为农业大国，人均农业资源在世界上位于前列，农业具有较强的国际竞争力，农产品国际贸易在世界上占有较大份额。澳大利亚的干旱地区约有 625 万 hm^2，占国土面积的 81% 左右，是典型的旱农国家。全国水资源十分缺乏，全年降雨时间集中，且多暴雨，水土流失严重，在澳大利亚西部平原和维多利亚州西南等排灌条件不好的地区，经常出现水涝灾害，给当地农业生产造成严重损失。

在澳大利亚农业生产中，大量采用免耕、少耕及秸秆覆盖、倒茬轮作等保护性耕作技术。广泛采用固定道作业式保护性耕作。随着农场规模扩大，大型农机具不断得到普及应用，拖拉机行走造成土壤压实的问题越来越严重。澳大利亚自20世纪90年代开始积极探索拖拉机固定道行走的作业模式，以克服因大型农业机械多次进地作业造成的土壤压实和影响作物生长的问题。澳大利亚经过10多年的保护性耕作固定道作业技术研究和技术装备试验，在全澳农业产生了巨大的技术变革。保护性耕作固定道作业技术作为独特的技术思路，至今已成为清晰的革新技术路线。

（二）澳大利亚垄作研究现状

到目前为止，澳大利亚是采用固定道保护性耕作技术最为成功的国家。固定道保护性耕作技术的特点是：机具在固定的车道上行驶，上面不种植作物；作物生长带不被车轮压实；作物收获后，用作物残茬覆盖地表，不进行翻耕作业，土地在覆盖状况下度过休闲期。在澳大利亚的几个干旱地区，固定道保护性耕作生产系统已得到较好推广。截至2003年，澳大利亚固定道保护性耕作技术推广面积已达100万 hm^2。种植的作物有棉花、玉米、小麦、绿豆、芸豆、番茄、高粱和马铃薯等。

固定道保护性耕作的主要优点是：减少土壤压实，防止土壤侵蚀，改善作物生长区土壤结构，增加土壤水分入渗，从而提高作物产量；减小农机具耕作阻力，提高作业效率，较少机具作业能耗；有利于农业作业的精密化、自动化和发展设施农业。

澳大利亚固定道保护性耕作技术与我国垄作保护性耕作之间既有相似之处又存在区别：主要区别是固定道技术采用平作，而垄作保护性耕作采用垄作。二者的作物生长带以及机具行驶带均分永久分离，实际上二者相似性大于区别。

在20世纪90年代，在政府的推动下，澳大利亚开始大规模进行垄保护性耕作研究，主要包括垄作保护性耕作在棉花、甘蔗、水稻等农业生产系统的应用和对土壤属性的研究。

垄作保护性耕作在澳大利亚发展主要经历了两个阶段：第一阶段为沟灌传统耕作，其特点可概括为每季作物新垄种植、固定垄沟灌和传统耕作方式；第二阶段为作物永久垄床种植、固定垄沟灌和保护性耕作，主要是将第一阶段的固定垄种植与保护性耕作技术相结合。

三、墨西哥垄作保护性耕作

（一）墨西哥农业概括

墨西哥位于北美洲南部，是传统的农业国家。农业在国民经济中曾具有举足轻重的地位。战后初期，农业曾是推动经济调整和增长的强大动力。20世纪40～60年代，由于政府高度重视，农业取得了高速发展。政府通过大规模公共投资，开发北部和西北部荒漠，在那里修建大型水利灌溉工程和其他现代基础设施，为私人资本开办现代化大农场创造了良好条件。北部和西北部地区现代化农业基地的建立使粮食产量大幅度上升，农产品出口迅速增长。中部和南部传统农业区的广大小农也得益于政府的大量公共贷款和农产品价格补贴，生产有了较大发展。1945～1965年，农牧业的年平均增长率达到5.5%。农业的高速发展不仅为社会提供了充足的食品和原料，而且为国家工业化积累了必要的资金和外汇，因而成为推动整个国民经济高速增长的重要因素。当时，墨西哥曾被誉为第三世界农业发展的典范。但是，由于传统耕作过度开垦，森林砍伐严重，目前，墨西哥已有近2/3的国土面积处于干旱或半干旱状态，于20世纪70年代开始保护性耕作技术研究。

墨西哥最早在雅基河峡谷（Yaqui Valley）开始垄作保护性耕作技术的研究。雅基河峡谷位于墨西哥西北部，耕地面积约35万hm^2，小麦为主要的粮食作物，属于典型的灌溉农业区，目前，墨西哥50%的小麦产区实行了垄作栽培。由于长期采用传统平作、漫灌种植小麦，并且大量焚烧秸秆残茬，造成了当地水资源的严重浪费和水、空气的污染，到20世纪70年代，当地的农业生产面临着严重的农业用水（地表水和地下水）缺乏，土壤退化和污染严重等问题，并且小麦产量出现逐年减少的趋势，为解决上述问题，保证农业可持续生产，墨西哥的农业科学家通过将垄作、沟灌等技术结合，在雅基河峡谷开始垄作保护性耕作技术的研究，其种植方式如下：将作物种植在垄床上，灌溉水通过垄沟分布于田间，由垄沟向两侧的垄床侧渗。两相邻垄沟的中心距为70～100cm，视拖拉机轮距而定，垄床上种植2～3行作物，垄高为15～30cm。墨西哥在雅基河峡谷多年的试验表明，此项技术相对传统漫灌作业，可节约灌溉用水，减少灌溉的人力投入，并能增加小麦产量，过去几年小麦的平均产量超过$6t/hm^2$。

（二）墨西哥垄作研究现状

墨西哥农民在20世纪80年代普遍采用垄作来种植小麦，该项技术具有节水节肥，可降低生产成本30%左右，便于管理等优点，并很快在墨西哥大面积推广，目前的覆盖面积已超过90%。墨西哥研究表明与传统平作栽培技术相比，垄作技术具有以下特点。

1. 改传统平作的大水漫灌为垄作的小水沟内渗灌

消除了大水漫灌造成的土壤板结及随灌水次数增加土壤变黏重的现象，

为小麦的健壮生长创造了有利条件，而且，一次灌水用水量仅为30m^3/亩左右，节水30%～40%。

2. 垄作小麦的追肥为沟内集中条施

可人工进行，也可机械进行。若人工进行，则每人每天可追肥30亩，大大提高了劳动效率。化肥集中施于沟底，相对增加了施肥深度（因垄体高17～20cm，而肥料施于沟底，相当于17～20cm的施肥深度），当季肥料利用率可达40%～50%。

3. 垄作小麦的种植方式为起垄种植

改传统平作的土壤表面为波浪形，增加土壤表面积约30%，光的截获量也相应增加，显著改善了小麦冠层内的通风透光条件，透光率增加10%～15%，田间湿度降低10%～20%，小麦白粉病和小麦纹枯病的发病率下降40%；小麦基部节间的长度缩短3～5cm，小麦株高降低5～7cm，显著提高了小麦的抗倒伏能力。

4. 垄作栽培改变了传统平作小麦的田间配置状况

即改等行距为大小行种植，有利于充分发挥小麦的边行优势，千粒重增加5%左右，增产5%～10%。

5. 小麦垄作栽培为玉米的套种创造了有利的条件

小麦种植于垄上，玉米套种于垄底，既便于田间作业，又改善了玉米的生长条件，有利于提高单位面积的全年粮食产量。

四、印度垄作保护性耕作

（一）印度农业概况

印度共和国位于南亚次大陆的印度半岛上，东北部和西北部与我国接壤。国土面积297.47万km^2，居亚洲第2位。总人口9.6亿（1997年），居世界第2位。印度拥有丰富的土地资源。印度的耕地面积数量居亚洲之首，多达1.43亿hm^2，人均占有耕地0.16hm^2，约为我国的2倍。印度全境大致可分为4个部分：北部喜马拉雅高山区，约占国土面积的11%；中部恒河平原区，约占国土面积的43%；南部德干高原区和西部塔尔沙漠区、台地和缓丘陵、丘陵约占国土面积的36%。在国土面积中，耕地面积约占47%，森林面积约占22%，草地约占4%。印度的水资源比较丰富，全年降水总量为39 300亿m^3。全国36%的地区年均降水量在1 500mm以上，33.5%的地区750～1 150mm，33.5%的地区为750mm。印度境内河流众多，最主要的河流是恒河，全长2 700km，支流10余条，流域面积106万km^2；其次是布拉马普特拉河，戈达瓦里河，讷尔默达河，克里希纳河等。充沛的雨水和众多的河流为农业生产和农业灌溉提供了有利条件，全国灌溉面积占耕地面积的32.8%。印度属热带季风气候，全年共分4季，1～2月为凉季，3～5月为夏季，6～9月为西南季风雨季，10～12月为东北季风期。北方气温最低为15℃，南方气温高达27℃，几乎没有无霜期，全年均可生长农作物，热量资源相当丰富。

（二）印度垄作保护性耕作研究现状

垄作技术在印度也是一项比较成功的耕作技术模式，垄台在播种或田间作业时均保持不动，为永久垄台。只有在进行播种或者收获垄台遭到破坏时，才对垄台进行修复。在垄台形状上，垄台宽度37cm左右，垄台高度为15cm左右，垄沟宽度约为30cm。与我国垄作保护性耕作特点相似。

印度垄作主要应用于水稻、小麦以及玉米等作物，从20世纪90年代开始运用垄作保护性耕作技术，这种方式改变了印度传统农业的特点。Hobbs和Gupta在2003年的研究结果表明，小麦垄作保护性耕作可以减少灌溉用水，防止水涝现象发生。长期采用垄作保护性耕作技术可以减少对播种带的压实，改善土壤结构；可以提高作物水分利用率；机具长期行走在垄沟内，压实了垄沟内土壤，增加了拖拉机的附着力，减少了动力消耗，方便田间作物管理等。Humphreys等的研究表明，与平作的直接播种相比垄作灌溉可节省12%～60%的水分，提高作物产量和水分利用效率。

五、巴西垄作保护性耕作

（一）巴西农业概况

巴西是农牧业大国，农牧业是巴西经济的支柱产业。巴西以国土面积、可耕地资源、气候特点等优势以及世界对农产品需求增长为依据，确定“以农立国”的可持续发展战略。巴西有优质高产良田3.88亿hm^2，其中的9 000万hm^2尚未被利用；2.2亿hm^2的牧场。2004年的农牧业产值1 802亿美元，占国内生产总值的33%；农村劳动力1 770万人，占全国就业总数的37%；农产品出口值390亿美元，占出口总量的40%，农业被视为拉动巴西国民经济的火车头。

巴西农业部和巴西地理统计局的综合信息显示（表2－1），2004年巴西的农作物总产量为119.294×10^6t，总种植面积5 800万hm^2。包括农作物和经济作物、蔬菜、水果等在内的15种主要农产品分别是（以产值大小排序）：大豆、甘蔗、玉米、水稻、咖啡、籽棉、木薯、柑橘、烟叶、芸豆、香蕉、小麦、马铃薯、番茄、葡萄。

表 2-1　2004 年巴西主要农作物种植情况

主要农作物	种植面积（hm^2）	产量（t）	产值（万元）	单产（kg）
大豆	21 538 990	49 549 941	32 627 677	2 300
甘蔗	5 631 741	415 205 835	12 149 902	73 726
玉米	12 864 838	41 787 558	11 595 513	3 556
水稻	3 733 148	13 277 008	7 750 355	3 556
咖啡	2 368 040	2 465 710	7 377 951	1 041
籽棉	1 159 677	3 798 480	5 185 011	3 302
木薯	1 776 967	23 926 553	4 954 660	13 634
柑橘	823 220	18 313 717	4 307 155	22 246
烟草	462 265	921 281	3 632 214	1 992
芸豆	3 978 660	2 967 007	3 082 348	745
香蕉	491 042	6 583 564	2 273 680	13 407
小麦	2 810 224	5 818 846	2 102 426	2 072
马铃薯	142 704	3 047 083	1 719 657	21 352
番茄	60 154	3 515 567	1 685 933	58 444
葡萄	71 637	1 291 382	1 388 218	18 026

（二）巴西垄作保护性耕作现状

1971 年，巴西引进并试验成功保护性耕作技术，由于缺少免耕播种机具，4 年多的时间应用面积不足 1 000hm^2。1975 年开发成功免耕播种机后，应用面积逐步扩大，1985 年达到 40 万 hm^2，1995 年达到 650 万 hm^2，2002 年达到 1 700多万 hm^2，17 年的时间内，保护性耕作面积增加 40 多倍，是世界上保护性耕作应用面积增长最快的国家。截至 2004 年，巴西保护性耕作应用面积达 2 310万 hm^2，占全国耕地总面积的近 60%。

在巴西，垄作保护性耕作主要应用于坡地种植，目的是防止水土流失。试验证明在旱地上实行横坡垄作，能有效控制水土流失，保护耕地，促进持续生产（图 2-2）。

六、法国垄作保护性耕作

（一）法国农业现状

法兰西共和国位于欧洲西部，国土面积 55.2 万 km^2，是西欧面积最大

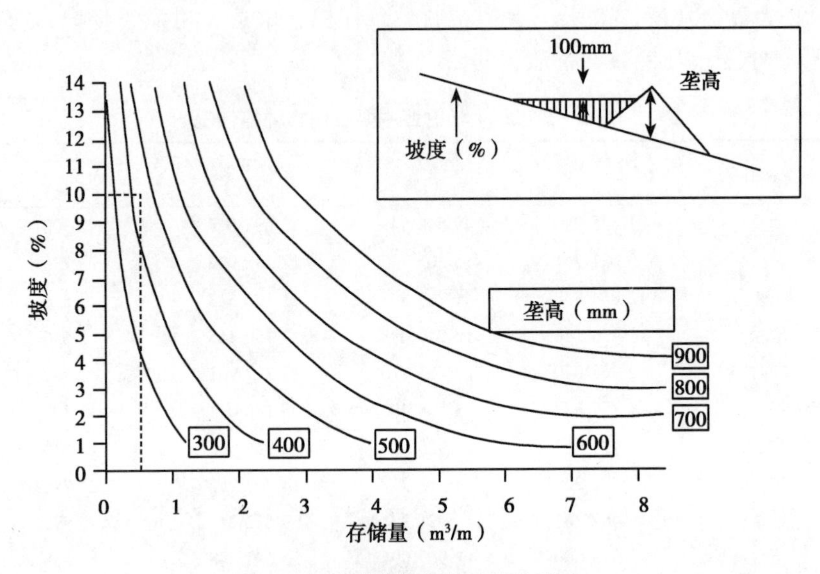

图 2－2 坡地垄作保护性耕作试验

的国家，陆地面积 55 万 km^2。法国耕地面积 1 825.5万 hm^2（1993 年），占陆地总面积的 33.2%，人均占有耕地 0.316hm^2，高于世界平均水平（0.246hm^2）；永久性牧场 1 076.4 万 hm^2，占 19.6%，人均占有牧场 0.186hm^2，是世界平均水平（0.625hm^2）的 1/3；林地 1 493.1万 hm^2，占 27.1%。法国大部分地区属海洋性温带阔叶林气候，南部属亚热带地中海气候。1 月平均气温，北部 1～7℃，南部 6～8℃；7 月平均气温，北部 16～18℃，南部 20～23℃。全国有 90% 的地区年平均降水量为 700～800mm，降水量最多的月份为 10～11 月，年降雨日数 100～200 天。法国全境地势低平，基本上是一个平原国家，海拔 250m 以下的平原占国土面积的 60%，海拔 250～500m 的丘陵及海拔 500m 以上的山地各占 20%。全国地势呈西北低、东南高，西北部为丘陵、平原，北部是肥沃的巴黎盆地和卢瓦尔河平原，西南部为加龙河流域的阿坤廷盆地，是法国的主要农耕地带，南部地中海沿岸也有不宽的沿海平原，东部为阿尔卑斯山，东部介于孚日山地和德国黑林山地之间的上莱茵河谷地，以及中南部的索恩—罗讷河谷地，也是重要的农业区。法国境内有 30 多条河流，水资源丰富，年径流量 1 700亿 m^3。

（二）法国垄作保护性耕作研究现状

在法国，垄作可以与免耕相媲美，但由于垄作工序比较复杂，而且需要经常维护，所以，并不是所有人都喜欢使用这种种植方式。但是研究表明，垄作对于土壤贫瘠地区，其优点多于免耕。因此，垄作与保护性耕作相结合在夏季起垄，夏季作物种植时，就种植在该垄上垄台建立后，将不再被整平，尽量减少对垄台的破坏，这样可以保证机具作业时行走在固定的行走带上（垄沟内），这有利于减少播种带的土壤压实，可以便于杂草控制，减少对除草剂的使用。目前，饲料作物一般不被种植在垄台，而是种植在垄沟内。图2－3就是玉米地里种植的大豆。

图2－3　法国垄作保护性耕作

七、加拿大垄作保护性耕作

（一）加拿大农业概况

加拿大位于北美洲北半部，国土面积约997.06万km^2，加拿大幅员辽阔，但是，耕地面积只有4 600万hm^2左右，不足国土面积的5%，这是因为它处于高纬度，很大一部分地区在北极圈里面，气候寒冷。加拿大的农场全部集中在南部，尤其是与美国毗邻的400多km的狭长地带，位于北纬49°～53°，类似于我国黑龙江省的北部。加拿大最重要的农业区是通常所说的“大草原地区”，即阿尔伯塔、萨斯喀彻温和曼尼托巴3个省，那里的土壤以肥沃的棕壤和黑土为主，保肥性状良好，是国家的粮仓，不利条件是雨水不够充足。另外一个重要农区是“中部地区”，即安大略和魁北克两省。中部地区是加拿大人口最密集的工业区，农业主要集中在河流盆地，其最南端相当于我国的沈阳市，是国家重要的畜牧业基地，主要种植饲料作物。“大西洋沿岸”各省的农业集中在沿岸地区，它的西部地区多山，农耕作业大部分局限于高其地及盆地，主要有养牛业和饲料作物。“太平洋地区”只有一个省，即不列颠哥伦比亚省，大部分是高山和森林，木材蓄积量占全国的2/5，但耕地只占全省面积的2%，农场集中在温哥华岛上。这个省是全国最大的苹果生产基地，此外，花卉、园艺等产品也较重要。加拿大的“北部地区”位于北纬55°以北，商业性的农场为数不多，但是，该地区发展农业有很大的潜力。据估计，这个地区拥有120万hm^2可供开垦的耕地及辽阔的放牧地。

（二）加拿大垄作保护性耕作研究现状

1. 加拿大保护性耕作

加拿大地处美洲北部，气候寒冷。20 世纪 50 年代以前，加拿大也是普遍采用铧式犁翻耕方式，土壤过度翻耕，地表残茬稀少，不能有效抵抗风蚀和水蚀（图 2－4）。加拿大有土壤休闲的传统，通常是土壤翻耕后，裸露休闲 12～18 个月再播种下茬作物。由于休闲期地面没有覆盖物，导致土壤水分蒸发严重，播种下一茬作物时土壤墒情严重不足。地表长时间缺少作物残茬覆盖，还增大土壤侵蚀和加剧土壤盐碱化。

根据上述问题，加拿大从 20 世纪 50 年代后期开始保护性耕作试验研究，大致可分为以下 3 个阶段。

第一阶段，初期试验研究阶段。

1955～1985 年：经历了较长时间，集中研究除草剂和免耕播种机。在除草剂和机具没有完全解决的过程中，由于除草剂成本高、机具问题较多，此阶段保护性耕作效益低于传统耕作。

第二阶段，中期示范推广阶段。

1985～1995 年：由于试验研究成功，除草剂价格下降、除草效率提高；有更多性能可靠的保护性耕作机具供选用，保护性耕作得到大面积的推广应用。图 2－5 为加拿大农场应用的典型的大型多梁式免耕播种机作业情况。

图 2－4　加拿大土壤水蚀

图 2－5　加拿大残茬覆盖地免耕播种小麦

第三阶段，近期发展阶段。

1995 年至今：由于粮食价格下降，集中研究降低生产成本技术。部分领先的农场在保护性耕作地采用多种方式除草、降低除草剂的用量，改进机具、减少作业阻力，降低机械作业成本。

2. 加拿大垄作保护性耕作

20世纪50年代以前，与我国东北地区农业种植方式相似，采用传统垄作（铧式犁翻耕，每年起垄作业），土壤过度翻耕，而且通常裸露12~18个月再播种下茬作物，因此，很长时间地表处于裸露状态，土壤风蚀水蚀严重。50年代以后加拿大科研人员开始将传统垄作与保护性耕作技术相结合，研究垄作保护性耕作技术，在加拿大很多地区得到大面积推广，图2-6是加拿大垄作保护性耕作地表情况。表2-2是加拿大魁北克省19个农场1993~1994年保护性耕作实施情况。

图2-6 加拿大垄作保护性耕作

表2-2 加拿大魁北克省19个农场1993~1994年保护性耕作实施情况

项目	1993年	1994年
耕地面积（hm^2）	3 330	3 285
垄作面积（hm^2）	597（18%）	591（18%）
免耕面积（hm^2）	10（0.3%）	38（1%）
少耕面积（hm^2）	114（3%）	172（5%）

第二篇

垄作保护性耕作机具

垄作保护性耕作与以翻耕起垄为主要特征的传统垄作的最大区别在于取消了铧式犁翻耕（包括旋耕机旋耕和重耙翻地），播种时，地面保留大量的秸秆残茬作为覆盖物，并在秸秆覆盖的垄台上免耕播种，实现保水、保土、保肥，减少作业成本，增加粮食产量，多年推广和研究垄作保护性耕作技术的实践证明，实施垄作保护性耕作关键机具有免耕播种机、深松机、秸秆还田机和垄台修复施肥机。

第三章　垄作免耕播种机

垄作保护性耕作推广实施的关键环节之一是需要有性能完善、质量可靠的保护性耕作专用机具，垄作免耕播种机就是其中最重要的配套机具，要求机具能够在具有秸秆覆盖的垄作地原垄播种施肥。

垄作免耕播种机除了要有传统垄作播种机具有的开沟、下种、下肥、覆土、镇压功能外，一般还应该具有良好的防堵功能、垄台稳定功能、破茬入土功能、种肥分施功能、地面仿形功能等，以满足垄作秸秆覆盖地免耕播种的要求。

垄作免耕播种机由于需要在大量秸秆覆盖下原垄免耕播种，因此，播种机除了必须具有防止秸秆堵塞的功能外，还需要有保证机具在原垄作业防止掉垄的稳定功能；在免（少）耕且有秸秆残茬覆盖的相对坚硬的土壤上播种施肥，需要有入土能力强的开沟器，同时对拖拉机动力也有较高的要求；我国人多地少，单产压力大，由于采用免耕所以在播种前一般不施肥，因此，需要在播种的同时施足底肥，为避免肥料烧种，种肥间距应隔开 4 ~ 5cm 以上的距离；实行免耕作业，地表不平度加大，影响播种作业质量，机具需要有地面仿形功能。

第一节　国外垄作免耕播种机的研究现状

国际上开展垄作保护性耕作机具研究较早，如美国、墨西哥、澳大利亚、加拿大等对垄作保护性耕作机具都有研究，并且生产了一些较好的产品，近年来我国也引进了部分国外的垄作免耕播种机。

美国 Buffola 农机公司对垄作播种技术的研究较早，垄作免耕播种机研究也较深入，生产了系列垄作免耕播种机。

一、国外垄作播种机的装置研究

国外在作物垄作栽培技术上的研究起步较早，20 世纪 40 年代已有作物垄作技术的研究。近年来作物垄作技术已由原来雨量稀少而多暴雨的半干旱地区扩大到热带草原，由中耕作物扩大到麦类作物和由旱地农业扩展到灌溉农业，垄作技术的研究和推广显得非常必要。国外定义的垄作是连年在原垄上进行种植，本身就包含用残茬覆盖地表的意思，定义在保护性耕作范围内。因国外实行垄作的地区，已经具备比较好的作业规划，播种时原垄保持的比较完整，垄作免耕播种机一般是在平作免耕播种机的基础上增加几项额外的附件，主要包括两项装置：垄台清理装置与稳定装置。

（一）垄台清理装置

垄台清理装置是用来清除垄上的覆盖物及根茬，把垄上的覆盖物推到垄沟里，创造比较好的播种条件来确保播种质量，因播种带上无秸秆覆盖，地温比覆盖的地方要高，如此可保证种子早期出苗的温度要求，而垄沟内的秸秆则对防治水蚀、风蚀等有着重要的作用。国外相关的清除装置主要有水平圆盘、双圆盘、箭铲式等，如图 3－1 所示。

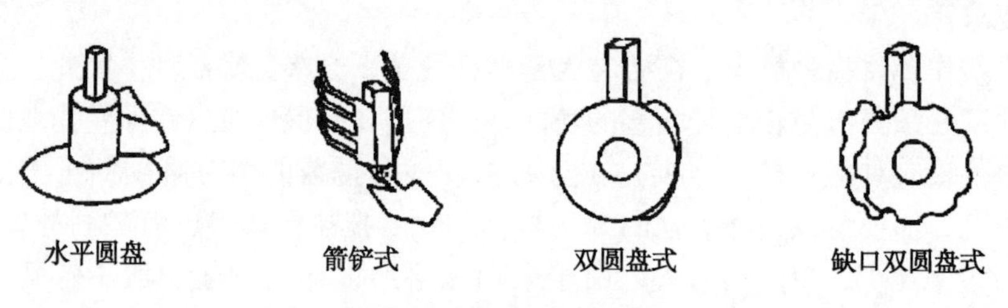

图 3－1　垄台清理装置

播种时，清理装置同时可以把垄上部的覆盖物及杂草推到垄沟，保证播种质量以及控制播种带上的杂草。早期垄作播种机的垄台清理装置为一个宽箭铲，这种平铲结构适用于浅土层作业，箭铲在残茬下层滑动从而将残茬、表土及草籽推进垄沟，利用分土装置将覆盖物与刮动的土壤带到垄沟里；双圆盘结构是比较常见的结构，它们能绕水平轴自由旋转，装成“八”字形形状，这种结构最初是 Ken-Lee Distributing 公司将其装在免耕播种机来实现垄作的，圆盘直径一般是 30～35cm，一般来说，圆盘直径较大时，清理残茬和草籽时效果越好，因为其通过性更好，也可以采用缺口式圆盘，圆盘的缺口可以当耕作较浅时帮助圆盘转动，该结构简单而且便宜；水平圆盘清垄器是近年来开始应用的，用水平放置的圆盘绕一垂直轴运动，圆盘像箭铲一样地平着在残茬下层滑动，配备导草装置来处理垄台上的覆盖物与表层松动的土壤，圆盘的转动有助圆盘表面的自动清理，同时也可以使圆盘周边均匀磨损，而不像箭铲那样的只磨一端刃口；也有的播种机把集中结构合起来使用。

（二）垄台稳定装置

由于垄作免耕播种机需要在原垄免耕播种作业，播种时为了确保机具不掉垄，机具需要安装垄上稳定装置。稳定装置能够保证播种机的作业路线沿着垄台，Buffola 农机公司针对垄台的形状特点设计了多种垄台稳定装置，主要有“V”形安装的橡胶轮稳定装置、圆盘刀式稳定装置、锥形轮稳定装置等机械式垄台稳定装置。

国外播种机有不同类型的稳定装置，可以用犁刀式或圆盘刀式（图 3－2）等结构来实现，同时具有切茬的作用。但这种装置只能保证运行的直线轨迹，如果偏离了垄台，再调整回垄台时便比较困难，因此，一般在小型播种机上使用的较多。

另一种方法是“V”形安装的橡胶轮稳定装置，该装置的特点是使用锥形轮胎、鼓形轮胎等，把成对轮胎装成一定角度成为导向轮，在行间行走来实现对垄作业（图 3－3）；Buffalo 播种机一般使用锥形轮或滑板来实现对垄作业，锥形轮走在垄沟里或采用成一定角度安装的两个轮走在垄肩上来保证播种机走在垄台上，保证播种机具稳定的在垄台上作业的一种导向装置。这些导向轮成对安装主梁上，应该承载部分播种机重量。这种导向装置经常以两种形式出现，一种是用在整机上安装一对大轮，另一种为每个播种单体配置一对小导向轮。

图 3－2　圆盘刀式

图 3－3　“V”形橡胶轮

自动导向装置主要工作原理：作业时，探叉在两垄之间穿过，当机具发生偏离时，探叉将会在玉米根茬的作用力下发生偏转，且始终保持与垄的延伸方向一致，探叉与机具的偏转角度通过角位移传感器进行探测，通过信号输入线传输给控制单元计算偏转角度的大小 α，并且与设定值 β 进行比较，若 $\alpha=\beta$ 则判定为对行状态，电磁比例阀置中位卸荷，机具牵引方向不变；若 $\alpha>\beta$，则电磁比例阀置右位，对机具牵引方向进行调整，反之 $\alpha<\beta$，电磁比例阀置左位，修正机具的牵引方向。该装置安装在拖拉机后牵引与作业机具之间实时调整播种机的前进方向，能够较好地保证机具对垄作业，但是，作业成本高，不适合我国地块小、要求作业成本低的国情。

二、垄作播种机

目前，Buffalo 系列垄作免耕播种机是国外比较通用的机型，都是在普通的免耕播种机上增加清垄装置与稳定装置。

图 3－4 是圆盘刀稳定装置配备箭铲式垄台清理装置，圆盘刀稳定装置配双圆盘清垄装置。这两种播种机均依靠破茬圆盘刀在破茬开沟的同时导向播种机，防止机具发生偏移掉入垄沟。两机具分别采用箭铲式和双圆盘式垄台清理装置清理垄台，主要原理是在开沟播种的同时将垄台上的秸秆、碎茬清理到垄沟内，以保证清洁的种床，清理到垄沟的秸秆有利于减少水土流失。

为保证播种机的性能，Buffalo 垄作免耕播种机的一些机型采用配备多种形式的装置共同作用，图 3－5 所示的播种机配有 Hip huggers 锥型稳定器和圆盘刀稳定装置，使用箭铲式清垄装置。图 3－6 是两种稳定装置配备双圆盘垄台清理装置，①为圆盘切刀，能切断秸秆及劈开根茬，并起稳定作用；②是双圆盘清垄装置；③是 Hip huggers 装置，能提供可靠的导向功能，确保播种机沿垄台位置作业。各种配套装置中通常都在清垄器的前边安装一个圆盘刀，起稳定器作用的同时还可切开根茬。

图 3－4　圆盘刀配箭铲

图 3－5　锥型轮配圆盘刀及箭铲

图3－7为墨西哥研制的4行玉米垄作免耕播种机。整机作业行数为4行，采用平行四连杆单体仿形，并且玉米免耕播种机单体之间装有垄台修复装置，在作业的同时对垄台进行修复。作业时，该机具能够完成4行玉米免耕播种作业的同时还能起到较好的修垄作用。

图3－6　锥型轮配圆盘刀及双圆盘

图3－7　4行玉米垄作免耕播种机

由于国外的免耕播种机的重量很大，使用各种清垄装置都能比较容易入土，而且因为自身重量，播种机行走路线比较稳定，而国内使用的免耕播种机以中小型为主，依靠自重难以满足作业要求，辽宁省农机局曾引进一台Buffalo垄作播种机，利用其稳定装置沿垄沟行走，但因为农艺方面的差异，改制后的播种机质量轻，作业效果差，未能消化吸收。而且清垄作业太深是垄作体系中最常见的问题，作业过深时，降雨及径流会在耕过的地表形成沉积，遇到干旱时，这些沉积会结成硬壳，给田间管理造成困难；清垄太深还会使种子播在相对潮湿、低温的土层而影响种子萌发和生长。国内垄作区的行距、垄高等尺寸差异较大，而且田间管理不佳，播种前原垄破坏比较严重，导致免耕播种深度很难控制。

三、国外垄作免耕覆盖施肥播种机特点

一是，国外垄作免耕施肥播种机一般体型大，质量大，需要大功率拖拉机配套，播种效率高，适合于大地块使用。

从其破茬防堵装置上看，一般均采用圆盘刀式。圆盘式开沟器作业时需要较大的正压力才能保证开沟器破茬入土，为了保证机具的破茬入土效果，垄作免耕播种机虽然其播幅比大型多梁式免耕播种机小，但整个机器仍然有较大的质量，需要配套大动力拖拉机。与我国垄作免耕播种机相比，尺寸仍然较大，需要较大的转弯半径，适于大地块使用。虽然性能可靠，但价格昂贵，且需用大功率的拖拉机牵引，不适合我国国情。

二是，国外垄作免耕施肥播种机一般施肥能力较弱。这是因为国外农业生产中一般只使用较少的化肥，不到100kg/hm^2，因此，在播种机的设计上大多采用种、肥同施的方式，但我国大部分地区要求的化肥施用量却达400kg/hm^{2}以上，如此多的化肥若采用种、肥同施，必然会造成烧种。实行保护性耕作的特点之一是取消了铧式犁翻耕，即取消了播前先撒施化肥、随翻耕入土的作业环节，要求在播种时一次完成种肥、底肥的施入。这也是我国虽然引进了部分国外播种机但不能推广的原因之一。

三是，国外垄作免耕播种机一般是在普通免耕播种机的基础之上加装了垄台稳定装置和垄台清理装置。其他部件结构和功能要求与普通免耕播种机基本相同。

四、我国垄作免耕覆盖施肥机研制技术路线

无论是从国外免耕施肥播种机对我国农业生产条件和要求的适应性、从需要配套的动力来，或者是从其价格上看，均不适合我国国情，不能直接引进国外垄作免耕施肥播种机用于我国的农业生产。所以，只能根据我国的具体情况，研制开发适合我国国情的垄作免耕施肥播种机。

在免耕覆盖施肥播种机研制开发中，必须从我国国情出发，采用以下的技术路线。

①垄作免耕覆盖施肥播种技术的研究与免耕覆盖施肥播种机的研制相结合。

②引进国外免耕覆盖施肥播种机部分部件与研制适合我国国情的免耕覆盖施肥播种机相结合。

③免耕覆盖施肥播种机的科研性试验与生产性试验相结合。

根据我国农田作业地块较小，与播种机配套的中型轮式拖拉机动力为35～48kW、小型轮式拖拉机动力为8.8～13.2kW；垄作免耕覆盖施肥播种作业条件恶劣等特点，垄作免耕覆盖播种机研制的总体方案和基本思路是：与动力机的挂结形式为悬挂式，以减小转弯半径，充分适应小地块的特点；排种方式采用半精量条播（玉米和豆类）或者气力式，以降低制造成本；结构上除排种、排肥器部分沿用传统播种机上的现用部件外，需要重点解决的技术问题为防堵技术及其结构、破茬开沟技术及其装置、种肥分施技术及其垄上稳定技术等。

第二节　国内玉米垄作免耕播种机

我国东北垄作区以种植玉米作物为主，玉米产量高，秸秆粗大，虽然经历冬季休闲期，但是由于雨水少，秸秆腐烂较慢。另外，在东北垄作区，玉米行距不同地区差异较大，行距从45～70cm，加上机具要求原垄免耕播种，因此，对玉米垄作机具要求较高。在国内，广泛研究免耕播种机是从20世纪90年代开始的，取得了大量的研究成果，而玉米垄作免耕播种机起步较晚，研究较少。由于我国种植方式、土地条件以及经济发展等多种原因，国外的垄作免耕播种机从结构和工作性能等方面均难以适合我国的国情。下面介绍几种国内的玉米垄作免耕播种机。

一、驱动圆盘玉米垄作免耕播种机

（一）工作原理

机具作业时在原垄免耕播种，依靠破茬圆盘刀将播种带内的秸秆和根茬切断，防止机具堵塞。该机具结构简单、性能稳定、成本低，播种质量能够满足农艺要求。另外，驱动圆盘玉米垄作免耕播种机可以减少作业次数，降低作业成本，提高作业效率，增加作物产量，是东北垄作地区较为理想的免耕播种机具（图3－8和图3－9）。

图3－8　驱动圆盘玉米垄作免耕播种机

图3－9　作业后出苗情况

该机具主要有以下技术特点。

①采用楔刀型开沟器，破茬入土能力强。楔刀型开沟器开沟窄、入土性能好，对垄台破坏小，且结构简单、工作可靠、价格便宜。

②种肥垂直分施，满足大施肥量小、不烧种子和动土量小。

③单体平行四连杆仿形，播深均匀性好。

④圆形橡胶轮镇压，镇压效果好。

⑤锥形稳定装置，该装置安装在主动刀轴上，行走在垄台上，防止机具掉入垄沟。

⑥限深轮通过轴承安装在主动刀轴上。

（二）主要技术参数（表3－1）

表3－1 整机主要技术参数

指标	参数	指标	参数
外形尺寸（m）	1.1×1.3×0.95	排肥器形式	外槽轮式
机具重量（kg）	270	作业行数（行）	2
行距（mm）	500～650	施肥位置	正位垂直施肥
理论株距（mm）	120～450	播种深度（mm）	40～60
配套动力（kW）	18以上	施肥深度（mm）	70～120
排种器形式	外槽轮式		

（三）切茬圆盘刀转速确定

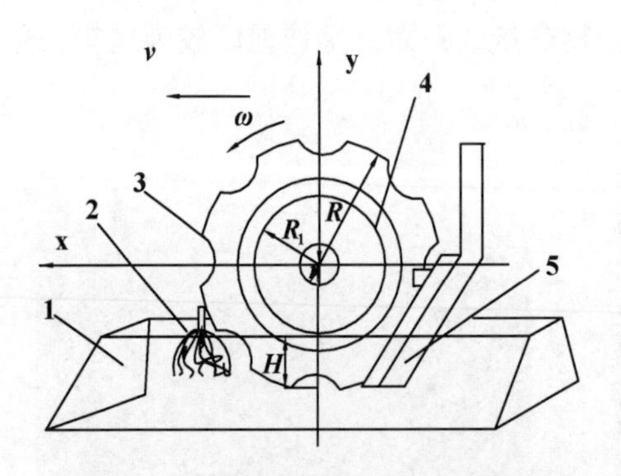

图3－10 破茬限深装置结构原理示意图

1. 垄台；2. 根茬；3. 缺口圆盘刀；4. 限深轮；5. 开沟器

进行的室内土槽试验表明，在相同的土壤条件、开沟深度 H、宽度 D 以及机具前进速度 v 下，机具作业所需的功率随刀轴转速的增加而近似成直线增加，但是当刀轴转速达到某一值后，破茬效果随着刀轴转速的增加变化并不明显。

在驱动缺口圆盘刀作业过程中，缺口圆盘刀的绝对速度是由机组的水平前进速度 v 和缺口圆盘的自身转速 ω 合成的（图3－10）。可以建立坐标系得出驱动缺口圆盘刀上的任意一端点的运动轨迹方程为：

$$\begin{cases} x = vt + R\cos w_t & (3-1) \\ y = R\sin w_t & (3-2) \end{cases}$$

该轨迹是一个以时间 t 为参数的余摆线方程。将式（3－1）和（3－2）对时间求导数，便可求得驱动缺口圆盘刀端点在 x 轴和 y 轴方向的分速度：

$$\begin{cases} v_x = v - Rw\sin w_t & (3-3) \\ v_y = Rw\cos w_t & (3-4) \end{cases}$$

因此，驱动式缺口圆盘刀端点的绝对速度为：

$$v_a = \sqrt{{v_x}^2 + {v_y}^2} = \sqrt{v^2 + R^2w^2 - 2vRw\sin w_t} \quad (3-5)$$

室内土槽秸秆切割试验结果表明，在玉米根茬直径 d =1.5～2.4cm、含水率10.2%～68.8%，根茬的临界切断速度 v_q =0.83～7.7m/s，因此，由公式（3－5）和（3－1）以及机组前进速度 v =3～5km/h，求得刀轴的角速度 ω =21.7～32.0r/s，由公式（3－6）求得刀轴转速 n_1 =208～306r/min。

$$n_1 = \frac{30\omega}{\pi} \quad (3-6)$$

为了在尽量减少机具功率消耗的同时保证缺口圆盘刀的破茬能力，缺口圆盘刀轴的设计转速为 n_1 =306r/min。

（四）其他主要部件的设计

1. 开沟器

开沟器作为免耕播种机的关键部件之一，其功能是按照播种深度要求开出沟槽，并且在保证种子发芽出苗的前提下产生最小的土壤扰动，为种子发芽和作物的生长提供良好的种床。在免耕茬地上，地表坚实，且有大量的秸秆覆盖，开沟器入土困难，阻力大，需要有良好的破茬入土性能。研究表明，需要在免耕地上开出宽3～5cm、深8～10cm的种沟，种、肥间距一般应保证在4～6cm，能为种子发芽创造良好的条件。同时，施肥播种时开沟器不应对土壤表层过度扰动，以满足免耕保墒的基本要求，减少牵引阻力，在满足为种子发育创造一定的种床前提下，应该最大限度地减少地表破碎。

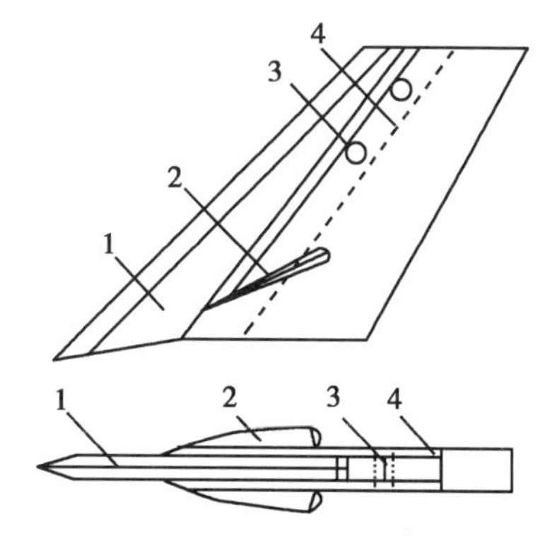

图3－11　楔刀型免耕开沟器的结构示意图

1. 前刀刃；2. 底座；3. 连接螺栓；4. 侧翼

设计的驱动圆盘玉米垄作免耕播种机采用楔刀型开沟器（图3－11）。

该开沟器表层土壤扰动小，形成的种床沟槽内的土壤容重小，可为种子发芽提供良好的种床。而且开沟器装有方便拆卸的锋利刀刃，有良好的破茬开沟能力，表层土壤扰动小，从而可降低开沟器前进方向的阻力。

2. 圆盘覆土器

覆土器的作用：一是为了防止播种后种子、化肥裸露地表，影响出苗；二是在覆土的同时尽可能修复播种施肥开沟器在开沟播种施肥时对垄台的破坏。

免耕播种机在保护性耕作地块特别是地表具有大量秸秆或根茬覆盖的情况下作业时，要求免耕播种机的覆土部件具有较好的通过性能，防止秸秆或根茬在覆土部件上发生堵塞，进而导致覆土部件上发生拖土现象，影响播种质量。

考虑到以上因素，机具的覆土装置采用不易堵塞的双圆盘覆土器（图3－12）。作业时，双圆盘覆土器分别跨在垄台的肩部上滚动作业，把垄台肩部及垄顶播种带两边的松散土壤覆回播种带内完成覆土以及对垄形的修复。覆土双圆盘的连接架与机架之间铰连接，依靠压紧弹簧调节其与地表之间的压力，依靠调节圆盘覆土器与前进方向的夹角来调节覆土量。

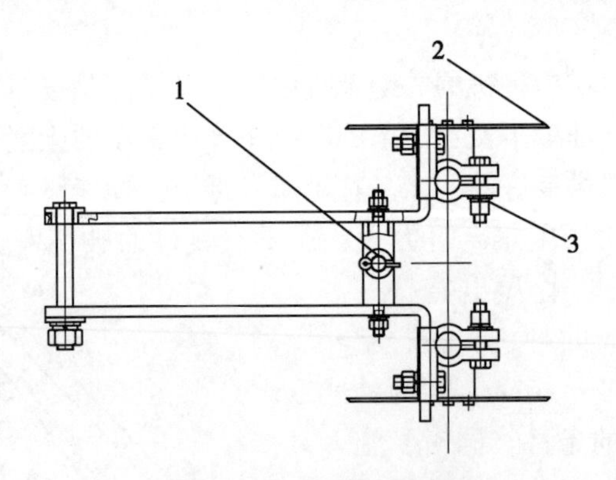

图3－12　双圆盘覆土器

1. 压紧弹簧；2. 圆盘覆土器；3. 角度调节螺栓

3. 镇压装置

播种同时镇压主要有以下好处：可减少土壤中的大孔隙，降低水分蒸发，起到保墒的作用；可加强土壤毛细管作用，使水分沿毛细管上升，起着“调水”和“保墒”的作用；可使种子与土壤充分接触，有利于种子发芽和生长；春播气温较低，镇压还可以起到保温的作用。免、少耕作业中，开沟后土粒较大，不能保证土壤与种子的贴合及其所需紧实度，而且辽宁地区风大，土壤过于疏松容易跑墒，因而必须选用性能好的镇压装置，确保镇压效果。

由于镇压轮镇压后易在播种带上形成较深的凹沟，为了减轻凹沟的形成，本设计采用宽外缘浮动式橡胶镇压轮（图3－13），其直径为400mm，外缘宽度为150mm。镇压轮连接杆上装有压紧弹簧，在压紧弹簧的作用下镇压轮在作业的时候一直保持与地表接触，并且保持一定的压力下，从而避免发生因地表高低不平等导致镇压轮被架空不转动的现象，影响镇压效果。

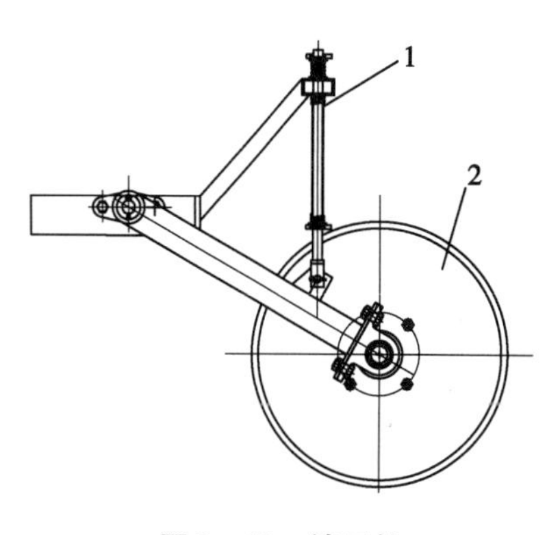

图3－13　镇压轮

1. 压紧弹簧；2. 镇压轮

4. 地轮

地轮是免耕播种机主要的工作部件之一。由于保护性耕作地块有大量的秸秆残茬覆盖地表，导致地轮的附着性能降低，与地表摩擦力减小，这样会增加地轮在作业过程中滑移率增大的可能性。现有研究表明，橡胶地轮滑移的均值和方差都比较小，播种质量好，但是在秸秆覆盖较大的情况下，橡胶轮更容易在秸秆上产生滑移。免耕播种机的作业条件复杂，要求能够在碎秆覆盖、高留茬覆盖以及整秆覆盖地表完成对播种排种器和施肥排肥器的驱动作业，因此对播种机的地轮必须要有特殊的要求。在本播种机上采用的地轮是带有铁爪的铁轮（图3－14）。

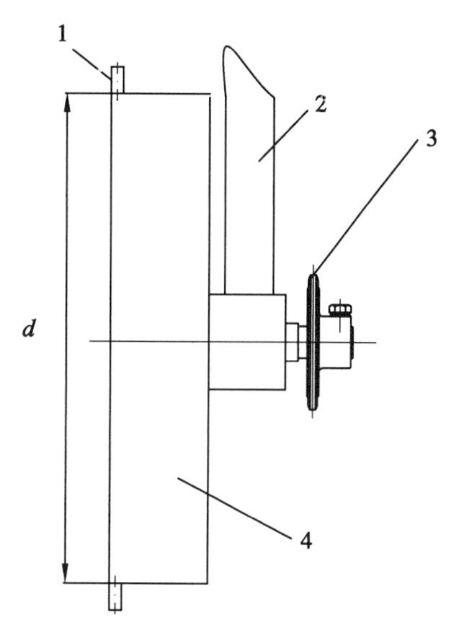

图3－14　铁爪式地轮结构示意图

1. 铁爪；2. 地轮连接架；3. 链轮；4. 地轮

研究表明，地轮直径（d）越大，其转动越容易，从而打滑率越小，因此，直径越大播种均匀性越好。另外，除了地轮直径外，地轮的垂直载荷和铁爪的大小也是影响地轮滑移率大小的重要因素，随着垂直载荷增加和铁爪的加高，地轮的滑移率的标准差越低，但是铁爪越高受土壤质地的影响越大，完全入土可能性越小，从而会导致播种机的播种均匀性变差。因此，本机在地轮设计上是根据机具空间和地表覆盖的秸秆的粗度，将地轮直径（地轮外缘）设计为直径 $d=450$mm；将均匀布置在圆周外缘上，铁爪粗为8mm，高度为22mm；共12个铁爪。

另外，在地轮支架上安装有弹簧加压装置，通过弹簧的加压以及地轮自身重力的作用，使地轮始终与地表保持紧密接触，从而避免因其他土壤工作部件以及垄台高度变化使地轮悬空或出现严重打滑造成不排种和不排肥的现象，影响播种施肥质量。

5. 排肥器与排种器

由于在辽宁垄作区春季播种时施肥量较大，而且一般都是晶粒状化肥；而外槽轮式排肥器排肥连续性好，排肥量调节空间比较大，适合排放晶粒状的化肥，因此，设计的驱动圆盘玉米垄作免耕播种机选用的排肥器为外槽轮式排肥器，其能较好地满足在辽宁垄作区玉米垄作免耕播种的需要。

目前，国内外常见的排种装置主要有机械式和气力式。机械式排种器结构简单，在实际应用中占有一定比例，但其对种子尺寸要求较严，而且容易造成种子损伤，影响种子发芽；气力式排种器主要采用气吸式，这种排种器不易损伤种子，播种精度高，且成穴性好，对种子尺寸要求较小，但是成本相对较高。为了保证播种质量，该免耕播种机采用了目前较成熟的气吸式排种装置。

（五）性能检测结果

机具由农业部农业机械试验鉴定总站的检测结果如表3－2所示。

表3－2 检验报告

项目	结果	标准
粒距合格指数	94.2%	合格标准≥75%
种子破损率	0.2%	合格标准≤1.0%
合格穴距变异系数	18.9%	≤50%
空穴率	0.5%	
合格粒距变异系数	18.9%	合格标准≤35%
各行排肥量一致性变异系数	1.1%	合格标准≤7.8%
播种深度合格率	94%	合格标准≥75%
播肥深度合格率	84%	合格标准≥70%
施肥方式	种子正下方	—
平均施肥深度	8.3cm	—
平均种子深度	4.1cm	—
地轮滑移率	8.3%	—
机具通过性	无堵塞	—

二、2BML-2（Z）型驱动直刀破茬式垄作免少耕播种机

（一）工作原理与结构

2BML-2（Z）型驱动直刀破茬式垄作免少耕播种机（图 3－15）主要由破茬装置总成、开沟器总成、排种、排肥器总成、限深轮总成、覆土圆盘总成和镇压轮总成等组成。机具与拖拉机三点悬挂，配套动力为 13.2kW 小四轮拖拉机，作业时，镇压轮 5 转动并通过驱动链条 4 带动链条 2 驱动排种、排肥装置，种子和化肥分别通过导种、导肥管落入开沟器 7 和尖角开沟器 9 开出的沟内，调整开沟器 7 的安装位置可控制种肥垂直分施间距。开沟器正前方装有破茬刀 11，动力由拖拉机动力输出轴通过变速箱 17 传到传动轴 18，再通过链条传到破茬刀轴 20，驱动破茬刀转动。同时开沟器铲柄 10 设计为紧贴破茬刀片，一旦有根茬挂在开沟器铲柄上，也可以通过破茬刀片的转动将其打掉，而不至于在开沟器前拥堆。工作时，破茬刀在拖拉机动力输出轴输出的动力的驱动下破茬，在开沟器前方划出 5～6cm 宽的沟，使开沟器顺利通过。由于前面有破茬刀破茬，工作条件得到改善，使镇压轮的滑移率大大降低，可保证播种的均匀性。覆土器 6 进行覆土。工作部件均安装在一个矩形框架上，组成了工作部件单体，整机通过镇压轮实现单体仿形。

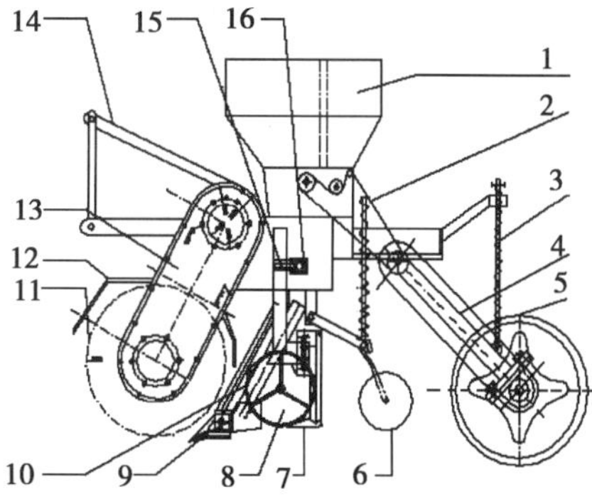

图 3－15 2BML-2（Z）型驱动直刀破茬式垄作免少耕播种机

1. 种肥箱；2. 压紧弹簧；3. 弹簧；4. 链条；5. 镇压轮；6. 覆土圆盘；7. 排钟开沟器；8. 限深轮；9. 施肥开沟器；10. 施肥开沟器铲柄；11. 旋耕直刀；12. 罩壳；13. 链盒；14. 悬挂架；15. “U”形卡；16. 梁架

（二）主要技术参数（表3－3）

表3－3 整机主要技术参数

指标	参数	指标	参数
结构质量（kg）	276	播种幅宽（mm）	1 200
播种行数（行）	2	播种行距（mm）	600
开沟深度（mm）	80～100	播种深度（mm）	30～50
刀轴转速（r/min）	306	作业速度（km/h）	2～4
排种器形式	外槽轮式	排肥器形式	外槽轮式
外形尺寸（mm）	1 821×1 200×1 100		

（三）破茬装置设计

1. *破茬装置总体设计*

破茬装置总体宽度为1m，重量约为100kg，采用两边链传动。拖拉机动力输出轴输出的动力经变速箱传到第一传动轴，再由两边的链传动传到破茬刀轴，变速箱和链轮的传动比分别为1.2和1.3。两边有限深轮，破茬深度为8～10cm。

2. *破茬刀片设计*

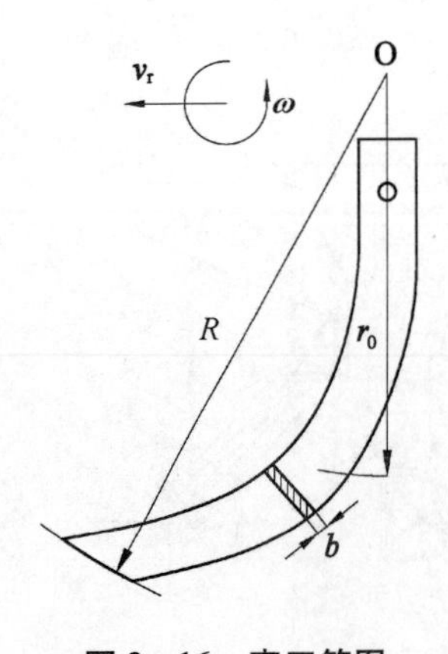

图3－16 直刀简图

玉米根茬较粗大且结实，播种前必须对根茬进行处理。而目前一般玉米免耕播种机采用的破茬装置为旋耕刀，存在动土量大的缺点。为了解决这一难题，选用直刀型破茬刀（图3－16），切刀的刃口曲线选用阿基米德螺线。

$$r = r_0 + k\theta \qquad (3-7)$$

式中：r—任意点的旋转半径；

r_0—刀刃起始工作半径；

k—为常数（比例系数）；

θ—为位置度（极角）。

滑切角为：

$$\tau_s = \text{arctg}\ (r_0/k+\theta) \qquad (3-8)$$

农业部保护性耕作研究中心的蒋金琳博士曾对此做了大量试验，结果表明这种刃口曲线滑切、脱草性能好，计算简单，制造方便。

3. *破茬刀回转半径 R 与破茬深度 H*

根据对河北一年一熟免耕试验田玉米根茬以及中国农业大学一年两熟试

验田的玉米根茬测定结果表明，一年一熟玉米根茬根深平均7.8cm，即如果破茬刀切茬入土深度超过根茬地下根深7.8cm，就可以将根茬全部切开，开沟器将顺利通过。考虑地表的不平等因素，设计破茬刀入土深度为8cm。根据破茬刀的运动分析得出，为保证铲刀的正常切土刀背不产生推土现象，切挖刀回转半径 R 应满足（3－9）式条件。其中速比 λ 为铲刀线速度 R_{ω} 与机器前进速度 v_m 之比，为满足破茬刀切茬切土要求，速比 λ 应不小于6。R 增大，刀轴离地表位置高，有利于机器的通过性，不易堵塞，但过大会使刀的强度降低、机架尺寸变大。考虑本机旋转破茬刀要求转速不高，为防止刀轴缠草堵塞可适当加大刀的回转半径，增大刀轴离地间隙，本机选定破茬刀回转半径 R 为220mm。破茬刀起始工作半径 r_0 为182mm，切刀厚度 b 为6mm，刀刃厚度为2mm。

$$R > \frac{\lambda H}{\lambda - 1} \tag{3-9}$$

4. *刀轴设计及刀片排布*

为减少动土量，每开沟器前仅装3把刀，刀座按螺旋线排布，两个刀座中心的轴向距离为2cm，相位差为120°。刀轴选用5×57的空心钢管。刀轴上多焊了两组刀座，以便随播种行距的改变调节破茬刀片位置，如图3－17和图3－18所示。

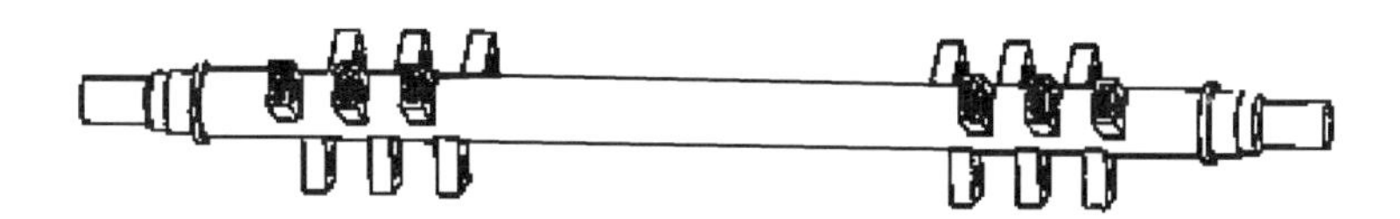

图3－17　刀轴及刀座排布图

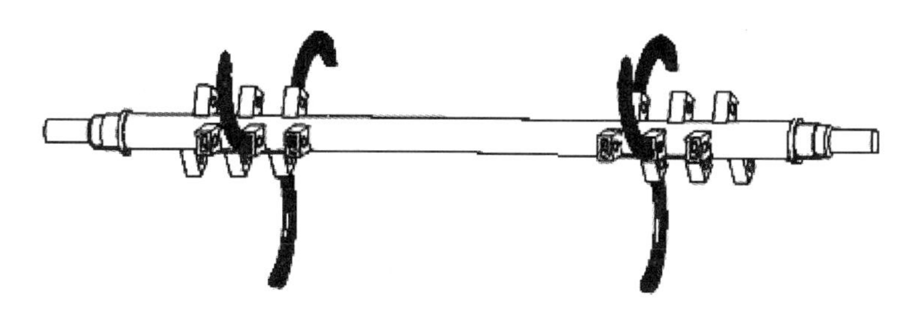

图3－18　破茬刀片安装情况

5. 刀轴转速

在一定土壤条件下，保持耕深 H 和机器前进速度 v_m 不变的情况下，切茬破土所需功率随刀轴转速的增加而成二次曲线的关系增加。所以，在满足作业要求的条件下尽量降低刀轴转速。播种机播种作业时一般前进速度 V_m 为 2～7km/h，因而根据选定的 R 值及速比 λ 的要求刀辊转速可在 145～510r/min。考虑到降低刀轴转速有利于降低功率消耗和减少刀具的磨损，但是，要兼顾到不能严重影响破茬刀的破茬质量。大面积打茬作业表明，打茬速度越高，各玉米茬被打断的几率（打茬率）越大，当打茬速度上升到一定程度后，打茬率的上升就变得缓慢。当打茬速度在 5.5m/s时，即使在秋季对水分大还没有枯死的根茬，打茬率也达到 95%左右，能够满足农业生产要求。为了使破茬刀作业时有较好地破茬效果，其切茬线速度不应低于 5.5m/s。选取刀轴的设计转速为 330r/min，这样刀端的线速度可达 7.6m/s。

（四）开沟器的选择和铲柄设计

选用尖角式开沟器。这种开沟器具有开沟阻力小，通过性好，开沟时不乱土层等优点。

铲柄（图 3－19）是用于安装开沟器并将其固定在机架上。铲柄采用刚性结构，下部倾斜，斜铲柄有利于秸秆沿铲柄上滑，及时脱落，且设计为紧贴破茬刀片的回转圆周，当根茬挂在铲柄上时，通过破茬刀片的转动可以将其打落。铲柄的外形特点可用 4 个尺寸表示：铲柄高 H，倾斜角度 β，垂直段铲柄高 h，铲柄横截面 $a \times b$。

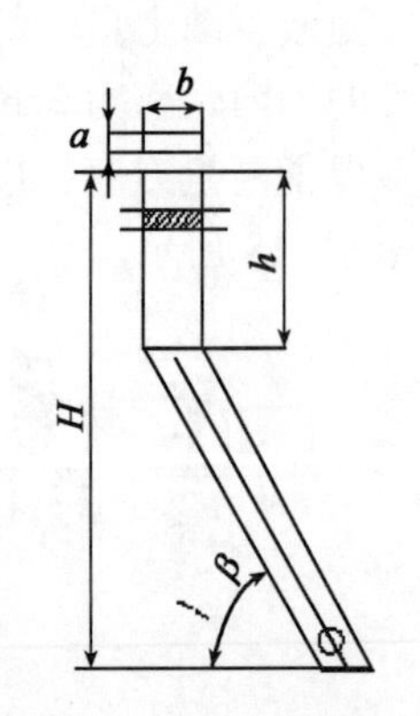

图 3－19　铲柄设计

1. 铲柄高 H

铲柄高 H 取值在满足不缠草的情况下，尽量取小值，以满足强度要求，本设计 $H = 70$cm。

2. 倾斜角度 β

倾斜铲柄设计为与破茬刀回转圆周入土点相切，所以，倾斜角度 $\beta = 57°$。

3. 垂直段铲柄高 h

垂直段铲柄高 h 在满足下部倾斜部分不缠草的情况下，尽量取大值，以节省铲柄用料，本设计 $h = 20$cm。

4. 铲柄截面结构

铲柄截面结构采用矩形结构 $a \times b$。其中，$a = 5$cm，$b = 40$cm。

（五）覆土镇压器的设计

尖角式开沟器的回土性能好，一般后面不需要覆土器，但是，考虑到破茬刀选用直刀，动土量较少，且破茬刀过去后仍有根茬直立在地里，这将影响开沟器的回土性能，故采用单圆盘辅助覆土。圆盘直径为 15cm。

镇压轮又作排种、排肥的主动轮，有两个作用，一是镇压，达到压碎土快、压紧耕作层、蓄水保墒的目的；二是驱动排种、排肥器排种、排肥。本机采用浮动式镇压轮，镇压轮两边装有压紧弹簧，在压紧弹簧的作用下镇压轮总是与地表接触，从而避免发生因地表高低不平等原因导致镇压轮被架空不转动，造成不排种、肥的问题，增加播种均匀性、防止漏播现象。同时由于前面有破茬刀破茬，工作条件得到改善，使镇压轮的打滑率大大降低，保证了播种的均匀性。镇压轮为橡胶轮，橡胶轮滑移的均值和方差都比较小，播种质量好，其直径为 40cm，外缘宽度 10. 5cm。

（六）限深轮

本设计中限深轮（图 3 – 20）有两个作用：一是控制破茬、播种、施肥深度；二是作为稳定装置，防止播种机“落垄”。限深轮为一个独立部件，是由铸铁制成，通过限深轮连接板上的螺孔来调节破茬深度和播种作业深度，限深轮直径 D_1 = 200mm，轮缘宽度 B_1 = 100mm。为了减小机具滑移和保证其仿形效果，限深轮安装在机架内侧，保证其行走在垄沟内。

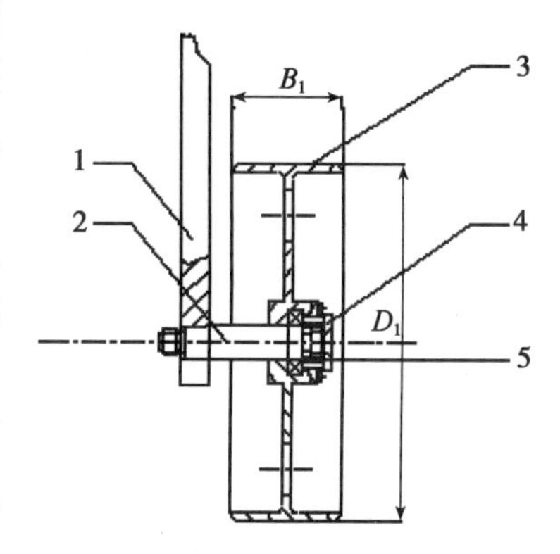

图 3 – 20　限深轮结构

1. 连接板；2. 轴；3. 限深轮；4. 轴承；5. 轴承盖

（七）排种器选择

排种器是播种机的主要工作部件。要求排种器播量稳定，播量调节方便。本设计选用外槽轮式排种器，外槽轮式排种器主要靠改变槽轮工作长度调节播量，调节方便。并用更换齿轮的办法变换 2 ~ 3 种槽轮转速，结构简单容易制造。

（八）田间检测

机具由农业部农业机械试验鉴定总站的检测结果如表 3 – 4 所示。

表 3－4 田间检验报告

项目	结果	标准
粒距合格指数（%）	90.2	合格标准≥75%
种子破损率（%）	0.5	合格标准≤1.0%
合格穴距变异系数（%）	18.9	≤50%
空穴率（%）	0.5	—
合格粒距变异系数（%）	29	合格标准≤35%
各行排肥量一致性变异系数（%）	4.0	合格标准≤7.8%
总排肥量稳定性	5.1	合格标准≤7.8%
播种深度合格率（%）	80	合格标准≥75%
播肥深度合格率（%）	76	合格标准≥70%
施肥方式	种子正下方	—
平均施肥深度（cm）	8.5	—
平均种子深度（cm）	3.8	—
地轮滑移率（%）	8.6	—
机具通过性	无堵塞	—

三、条带旋耕玉米垄作免耕播种机

（一）原理与结构

苗带浅旋破茬垄作免耕播种机实行窄带浅旋。播种机主要由破茬装置、限深轮、开沟器、覆土圆盘、行走轮、镇压轮等组成（图 3－21）。机具工作时，播种机与拖拉机三点后悬挂连接，拖拉机输出轴的动力通过万向节，经中央传动变速箱变向减速，经链传动驱动刀轴旋转，窄带浅旋处理根茬，由行走轮通过链传动驱动排种排肥装置。该机可在玉米茬地一次性完成灭茬、施肥、播种、覆土、镇压等多项作业，减少机器进地次数。

（二）技术参数（表 3－5）

表 3－5 玉米垄作免耕播种机的主要参数

指标	参数	指标	参数
行距（mm）	450～600	开沟器型式	窄翼尖角式
理论株距（mm）	350、450	覆土器型式	双圆盘
配套动力（kW）	≥13.23	镇压器型式	橡胶轮
排种器型式	窝眼轮式	施肥位置	种子正下方
排肥器型式	外槽轮式	播种深度（mm）	40～60
作业行数	2	施肥深度（mm）	80～100

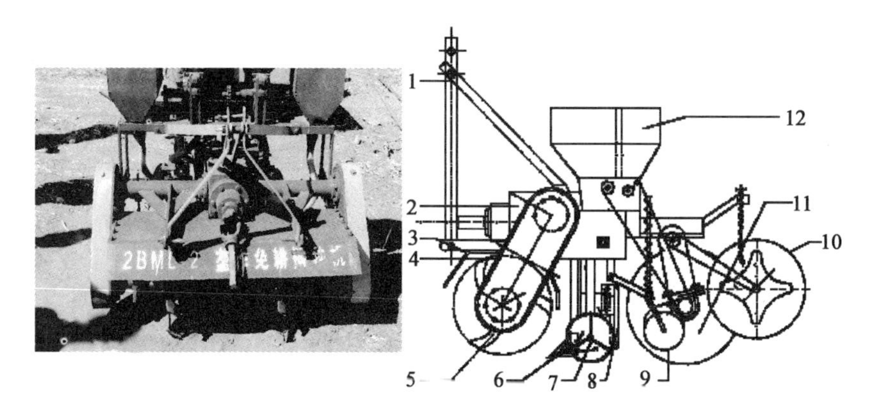

图 3-21　玉米垄作免耕播种机结构简图

1. 悬挂架；2. 变速箱；3. 罩壳；4. 传动链箱；5. 旋耕刀片；6. 施肥开沟器；7. 限深轮；8. 播种开沟器；9. 覆土圆盘；10. 镇压轮；11. 行走轮；12. 种肥箱

（三）根茬处理装置的运动速度

旋耕机工作时，其刀片随着刀轴由拖拉机动力输出轴驱动作回转运动，同时又随机组前进作等速直线运动。刀片切削土壤时，刀片的绝对运动是由机组的前进运动与刀滚的回转运动所合成。为了使机组能正常工作，刀片在整个切土过程中不能产生推土现象，要求其绝对运动的轨迹为余摆线。在这一余摆线绕圈最大横弦以下任意一点的水平分速度的方向与机组前进方向相反，这样刀片将切下的土块向后抛掷与挡泥罩以及平土拖板相撞击，再落到地面。

考虑到降低刀轴转速有利于降低功率消耗和减少刀具的磨损，但是要兼顾到不能严重影响破茬质量。刀片旋转速度越高，破茬率越大，当速度上升到一定程度后，破茬率的上升就变得缓慢。试验表明，当刀端线速度达到 5.5m/s 时，即使在秋季对水分大还没有枯死的根茬，灭茬率也达到 95% 左右，能够满足农业生产要求。为了使旋耕刀作业时有较好的破茬效果，其破茬线速度不应低于 5.5m/s。

旋耕刀的刀端 M 的运动轨迹是余摆线运动，取刀轴中心 O 为原点，机具前进方向为 X 轴方向，Y 轴正向如图 3-22 所示。点 M（x，y）运动轨迹的参数方程如式 3-10 和 3-11：

$$\begin{cases} x = R\cos\omega t + v_m t & (3-10) \\ y = R\sin\omega t & (3-11) \end{cases}$$

式中：ω—旋耕刀的回转角速度（rad/s）；

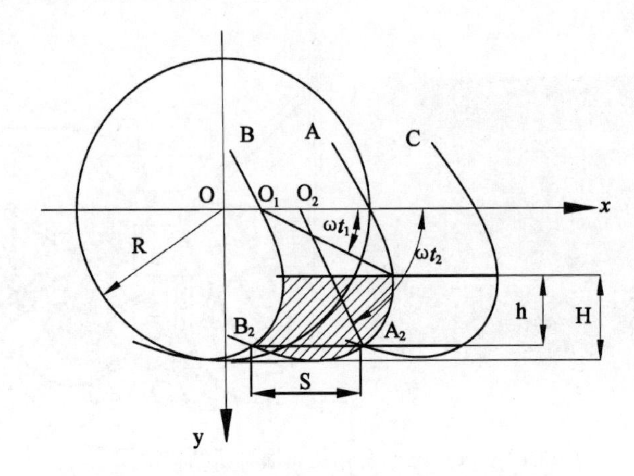

图 3－22　旋耕刀端点运动轨迹和切土节距

v_m—机组前进速度（m/s）；

R—旋耕刀的回转半径（mm）；

ωt—旋耕刀的转角（rad）。

M 点的运动方程为：

$$x = \frac{v_m}{\omega}\arcsin\frac{y}{R} + \sqrt{R^2 - Y^2} \tag{3-12}$$

设 v_x 表示刀片刀端 M 任意时刻的切削速度（绝对速度）的水平分量，即旋耕作业时碎茬速度，v_y 表示刀片刀端 M 任意时刻的垂直分量，即向下切土的速度。则刀端运动速度的参数方程为：

$$\begin{cases} v_x = dX/dt = v_m - R\omega\sin\omega t & (3-13) \\ v_y = dY/dt = R\omega\cos\omega t & (3-14) \end{cases}$$

切削速度 v 通过式（3－15）求得：

$$v = \sqrt{v_x^2 + v_y^2} = \sqrt{v_m^2 - 2v_m R\omega\sin\omega t + R^2\omega^2} \tag{3-15}$$

相对速度与前进速度的速比为：

$$\lambda = \omega R/v_m \tag{3-16}$$

式中：λ —旋耕速比；

ω—旋耕刀的回转角速度（rad/s）；

R—旋耕刀刀端回转半径（mm）。

刀端接触地表瞬间为 t_1（图 3－22），可得

$$v_x = v_m - R\omega\sin\omega t_1 = v_m - R\omega(R - H)/R = v_m - \pi n(R - H)/30 \tag{3-17}$$

$$v_y = R\omega\cos\omega t_1 = R\omega[R^2 - (R-H)^2]^{1/2}/R = \pi n(2RH - H^2)^{1/2}/30 \quad (3-18)$$

式中：H—耕深（mm）；

n—刀轴转速（r/min）。

破茬速度 v_x 与机组前进速度 v_m、刀轴转速 n 和刀端回转半径 R 有关，只有当 $v_x<0$ 时，刀片才能有破茬碎土功能。若切碎玉米根茬，其破茬速度的绝对值应不小于5.5 m/s，方向与机组前进方向相反，即

$$\pi n(R-H)/30 - v_m \geqslant 5.5 \quad (3-19)$$

刀片刚入土时 v_y 瞬间绝对值最大，在达到预定耕深 H 时，此时 $\omega t=90°$，v_y 为零。

根据旋耕刀的运动分析得出，为保证刀片的正常切土刀背不产生推土现象，旋耕刀回转半径 R 应满足式（3－20）条件。

$$R \geqslant \frac{\lambda H}{\lambda - 1} \quad (3-20)$$

一般旋耕机刀滚回转半径 R 为240～260mm，R 增大，刀轴离地表位置高，有利于机器的通过性，不易堵塞，但过大会使刀的强度降低，机架尺寸变大。由于垄作免耕播种机只对垄台进行窄带处理，入土深度为70～80mm，比一般旋耕机的旋耕深度小，因而可选用较小的刀滚回转半径 R，综合考虑刀片的幅宽参数，本机选用 $R=245$mm 的旋耕弯刀，播种时机器前进速度 v_m 一般为2～5km/h 时，则刀轴转速为 $n\geqslant313$r/min。

由于本播种机旋耕的目的是进行破茬，不需要粉碎根茬，因而选用较小的转速即可。为得到设计所需的刀轴转速，整个传动系统由万向节、变速箱、传动轴、链轮、刀轴等组成。拖拉机的动力输出转速为540r/min，经万向节传递到变速箱，变速箱的传动比为 $i_1=20/23$，经过传动轴传递到主动链轮，通过链传动传递到刀轴，链轮传动比为 $i_2=11/16$。则刀轴的转速为：

$$n = 540 \times i_1 \times i_2 = 540 \times \frac{20}{23} \times \frac{11}{16} = 323r/\text{min} \quad (3-21)$$

（四）切土节距、刀片数

切土节距是土垡的水平侧面厚度，其大小直接影响碎土质量和沟底平整度，在同一纵向平面内切土的旋耕刀，在其相继切土的时间间隔内，机组前进的距离称为切土节距S，如图3－22所示。切土节距S的大小是影响破茬质量的主要指标，通过降低机组前进速度、提高刀轴转速和增加每切割小区

内的刀片数，可以减小切土节距，提高破茬效果。但降低机组前进速度导致生产率低，刀轴转速过快会增加功率消耗，增加弯刀数使刀间的空隙小，容易堵泥缠草，所以切土节距不能设计过小。切土节距 S 过小，动力消耗增大，作业效率下降；S 过大，切茬清茬质量降低。

沟底平整度是衡量旋耕后沟底的土埂高度的指标，是指旋耕机工作过程中，在同一纵向平面内切土的旋耕刀顺序切土后残留在耕层底部的凸起部分的高度。凸起高度的理论值等于相邻两摆线的交点与沟底的距离 C。

设 A 、B 为先后切土的两刀片，以 A 刀端点位于 X 坐标轴时，刀滚的轴心为坐标原点。则 A 刀端点的轨迹方程为：

$$\begin{cases} X_A = v_m t_A + R\cos\omega t_A & (3-22) \\ Y_A = R\sin\omega t_A & (3-23) \end{cases}$$

B 刀端点的轨迹方程为：

$$\begin{cases} X_B = v_m \dfrac{2\pi}{Z\omega} + v_m t_B + R\cos\omega t_B & (3-24) \\ Y_B = R\sin\omega t_B & (3-25) \end{cases}$$

设两轨迹在 B_2 点相交，即可得沟底凸起高度约束条件为：

$$R\sqrt{1-\left(\frac{R-C}{R}\right)^2}+\frac{v_m}{\omega}\arcsin\left(\frac{R-C}{R}\right)=\frac{v_m}{\omega}\left(\frac{\pi}{Z}+\frac{\pi}{2}\right) \quad (3-26)$$

式中：Z—刀轴同一横截面内刀片数。

将旋耕速比 λ（$\lambda = \dfrac{R\omega}{v_m}$）代入式（3－10）和（3－11）中，得

$$\begin{cases} X = R(\cos\omega t + \dfrac{\omega t}{\lambda}) & (3-27) \\ Y = R\sin\omega t & (3-28) \end{cases}$$

从式（3－27）中可看出，λ 值不同时，旋耕刀在土壤中的运动轨迹和所切土垡的形状各不相同，旋耕后沟底出现波浪形的土埂，其高度 C 除与旋耕速比有关外，还与同一旋转切削小区内的刀片数 Z 有关。

$$\lambda = \frac{\left(\dfrac{\pi}{Z}+\dfrac{\pi}{2}\right)-\arcsin\left(1-\dfrac{C}{R}\right)}{\sqrt{2\dfrac{C}{R}-\dfrac{C^2}{R^2}}} \quad (3-29)$$

土埂高度 C 可按照式（3－30）计算：

$$C = R\left[1 - \cos\left(\frac{\pi}{Z(\lambda - 1)}\right)\right] \quad (3-30)$$

根据图3-22，H为最大切土深度，h是旋耕最小切土深度，$C = H - h$。只要h大于玉米主根的深度即可确保铲除根茬，而这也是保证破茬过程中不产生漏茬的条件。取$H = 70$mm，$h = 60$mm作为设计值，工作时机器播种速度v_m一般为2～5km/h，由于机器前进速度越大，S也越大，因而取v_m = 5km/h作为计算值求Z。

当刀端M位于A_2时，此时$Y_A = R - C = 235$，得：

$$\begin{cases} t_{A_2} = 0.035 \\ t_{B_2} = 0.051 \end{cases}$$

代入式（3-10）和（3-11）得：

$$\begin{cases} X_{A_2} = 0.118 \\ X_{B_2} = 0.001 \end{cases}$$

则图3-22中A_2、B_2两点横坐标分别为$X_{A_2} = 0.118$，$X_{B_2} = 0.001$，可得$S = 117$mm。

减小切土节距可采用两项措施：一是采用较大的旋耕速比λ，即减慢机组前进速度；二是在刀滚每一切土小区的圆周内增加刀片排列数Z。在配套动力已定，刀滚回转半径及转速相同的情况下，切土节距的不同反映为同一截面的刀片数量的不同。刀片过多，土块打的过碎，不适合保护性耕作，如果刀片过少则可能导致漏茬，播种后续工作中，开沟器容易发生挂茬，从而导致机具堵塞。根据切土节距S与刀滚半径R、旋耕速比λ、刀滚每一切土小区圆周内刀片排列数Z之间的关系式S：

$$S = \frac{60000 v_m}{nZ} \quad (3-31)$$

当$S = 117$ mm，$v_m = 5$ km/h时，根据公式（3-31）可以推算出刀片数$Z = 2.21$。

取$Z = 2$，此时$S = 129$ mm，不能满足要求，即可能发生漏茬；

取$Z = 3$，此时$S = 86$ mm，可以确保破茬效果。

综合考虑设计要求，选取$Z = 3$作为本机设计参数。

（五）其他主要部件设计

1. 开沟器

开沟播种施肥装置包括播种开沟器、施肥开沟器和排种器排肥器等。开沟器的结构型式不仅直接关系到种床、开沟施肥、播种质量、种肥分施要求和镇压效果等，而且影响播种机的结构质量、作业的通过性和动力性能，对作物的出苗也有重要的影响。

2. 施肥开沟器

旱地免耕播种机对开沟器的特殊要求有：入土能力强；对土壤扰动小；防堵性能好等。由于整体种肥分施开沟器结构紧凑、阻力小、重量轻、使用方便、故是免耕播种机的理想选择。种下正位深施开沟器采用开沟过程中前后不同部位土壤回落的时差原理，依靠土壤回落覆盖肥料以形成土壤隔层并产生种床，前边深沟施肥，等部分土壤回落覆盖后再下种，然后进行最后覆土。选用中国农业大学研制的专利产品，“复合型种肥分施开沟器”，排肥开沟器和排种开沟器组合成正深位深施肥结构。具有开沟宽度小，回土性能好，不易堵塞等优点。排肥开沟器和排种开沟器相互之间前后距离和底端的垂直距离可调，可根据土壤条件和农艺要求，调整种肥之间的距离，既可以满足大施肥量下不烧种子的要求，又具有扰动土壤少、通过性能好等优点。

3. 播种开沟器

由于实行浅旋破茬，旋耕幅宽为100mm，因而播种带的土壤比较松软，采用尖角式开沟器开沟施肥后，播种开沟器时只是在松散的土壤中进行开沟，因而无需选用开沟器，直接依靠导种管的强度开沟下种，并把种管的下端后部开口，形成回土板结构，有利于防止造成种子堵塞。导肥管底端与导种管底端的垂直距离为50mm，纵向距离为200mm。施肥开沟器开沟深度约100mm，施肥后自动回土覆盖肥料，导种管将种子播在肥料上面回落的土层中，与肥料的垂直距离为40～50mm。

4. 覆土圆盘

尖角开沟器回土能力强，一般情况下使用尖角式开沟器开沟后不需要覆土，但由于本机播种时旋耕刀把部分土壤甩往两边，如果不进行覆土，压实后容易在种行带形成较深的凹沟。为减轻凹沟形成，本机采用不易堵塞的圆盘结构来进行覆土，双圆盘跨在垄沿上作业，把垄沿上部及垄顶播种带两边的松散土壤覆回种行带。覆土圆盘实行浮动式结构连接，可以根据实际情况调整作业位置。

5. 镇压装置

播种同时镇压可减少土壤中的孔隙，减少水分蒸发，达到保墒的作用；可加强土壤毛细管作用，使水分沿毛细管上升，起着“调水”和“保墒”的作用；可使种子与土壤紧密接触，有利于种子发芽和生长；春播镇压还可适当提高地温。免（少）耕作业中开沟器的开沟窄，土层的颗粒较大，不能保证土壤与种子的贴合及其所需紧度，而且东北地区风大，旋耕后松软的土壤容易跑墒，因而必须选用性能好的镇压装置，确保镇压效果。

本设计采用浮动式橡胶镇压轮，其直径为400mm，外缘宽度100mm。镇压轮连接杆上装有压紧弹簧，在压紧弹簧的作用下镇压轮总是与地表接触，从而避免发生因地表高低不平等原因导致镇压轮被架空不转动，影响镇压效果。

6. 地轮

试验证明橡胶地轮滑移的均值和方差都比较小，播种质量好，但是，在秸秆覆盖量较大的情况下，橡胶轮更容易在秸秆上产生滑移。本播种机是在免耕垄作地进行播种，地轮沿垄沟行走，而垄作免耕地的覆盖秸秆在播种前一般都落在垄沟，因此，采用铁轮结构作为地轮，即采用抓地板、地轮圈及幅板焊接而成。除直径外，铁轮的垂直载荷，抓地板高度是影响地轮滑移的主要因素。其中，抓地板对滑移率均值的影响最大，垂直载荷次之。随着垂直载荷增加和抓地板的高度在一定范围内的加高，地轮的滑移率均值减小。随垂直载荷增加和抓地板的高度加高，地轮的滑移率的标准差降低。

地轮直径越大，其转动越容易，从而打滑率越小，因此，直径越大播种越均匀。抓地板越高打滑率越小。但是，抓地板越高受土壤质地的影响越大，完全入土的可能性就越小，从而导致播种的均匀越差。同时抓地板越高，在其他条件（机重、材料等）相同的情况下，抓地板强度要求越大，这势必就要增加其厚度。相反，厚度的增加就会增大其入土难度，本次设计根据机具空间，将其直径设计为500mm（地轮圈外径），宽度为50mm，抓地板的高度为50mm，共22个抓地板。

地轮通过链传动驱动排种器和排肥器工作，因而在地轮上设计弹簧加压装置，通过弹簧加压可以确保地轮始终与地表接触工作可靠，从而避免因其他着地装置的干扰，发生因地表高低不平等原因导致镇压轮悬空造成的不排种（肥）问题，防止出现漏播现象。

（六）田间性能检测

机具由辽宁省农业机械试验鉴定总站的检测结果如表3-6所示。

表3-6　田间检验报告

项目	结果	标准
粒距合格指数	90.2%	合格标准≥75%
种子破损率	0.5%	合格标准≤1.0%

（续表）

项目	结果	标准
合格穴距变异系数	18.9%	≤50%
空穴率	0.5%	—
合格粒距变异系数	29%	合格标准≤35%
各行排肥量一致性变异系数	4.0%	合格标准≤7.8%
总排肥量稳定性	5.1%	合格标准≤7.8%
播种深度合格率	80%	合格标准≥75%
播肥深度合格率	76%	合格标准≥70%
施肥方式	种子正下方	—
平均施肥深度	8.5cm	—
平均种子深度	3.8cm	—
地轮滑移率	8.6%	—
机具通过性	无堵塞	—

四、2BG-2 型玉米垄作免耕播种机

（一）工作原理及组成

组成：切拨防堵式垄作免耕播种机主要由滚动圆盘式破茬犁刀、双圆盘螺旋线型清垄部件、施肥开沟器、双圆盘播种开沟器、镇压轮和导向装置等组成（图 3－23）。

图 3－23　2BG-2 型玉米垄作免耕播种机及出苗情况

工作原理：清垄部件把垄上的残茬秸秆分别推送至两侧；播种双圆盘开沟器在耕区开窄沟播种；施肥开沟器实现侧深施肥；压种轮可以实现接墒播

种；覆土轮达到重镇压要求，以保证种子发芽、出苗、生长。

（二）整机技术参数（表3－7）

表3－7　整机主要技术参数

指标	参数	指标	参数
结构质量（kg）	315	播种幅宽（mm）	1200
播种行数（行）	2	播种行距（mm）	600（可调）
开沟深度（mm）	40～60	播种深度（mm）	30～50
作业速度（km/h）	2～4	排种器形式	气吸式
外形尺寸（mm）	1 735×1 200×1 154	排肥器形式	外槽轮式

（三）滚动圆盘式破茬犁刀

利用四连杆仿形机构上安置的重型弹簧，既可以使拖拉机的质量向播种机单体转移（配套拖拉机的悬挂机构最好采用力调节或者位调节方式，当采用高度调节时，要加配重），又可以保持播种机单体配重稳定地施加到滚动圆盘式破茬犁刀上。当配重达到175kg时可以破茬、切穿硬土层，并能保证磨损量较小。重型弹簧可保证滚动圆盘式破茬犁刀始终处在工作位置，当接触到超过极限承载力175kg的障碍物时，犁刀装置就能够绕着四连杆仿形机构转轴向上运动。

（四）双圆盘螺旋线型清垄部件

安装在滚动圆盘式破茬犁刀之后，设计2个呈“八”字形的圆盘清垄部件。其工作的刃口曲线按螺旋线设计，指状圆盘清垄部件与地面垂直安装、向侧后方转动，可以把垄上的残茬切断，与秸秆一起推送至两侧，而很少扰动土壤。

（五）施肥开沟器

采用单圆盘施肥开沟器，与播种双圆盘开沟器横向相距55mm，施肥于种子下部30mm，保证侧深施肥。

（六）双圆盘播种开沟器

滚动圆盘式破茬犁刀在垄台上切开一条狭窄的种沟，在双圆盘开沟器中间放置一个零速导种管引导种子进入沟底，进行定位播种。为了实现接墒播种，在导种管之后安装了压种轮，压种轮位于双圆盘开沟器之内。当在干燥的土壤条件下播种时，压种轮行走在种沟底部并在种沟被合垄之前压种，使种子与土壤充分接触，种子吸收土壤中的水分而发芽。

（七）镇压轮

根据春旱多风的气候特点要求重镇压。镇压力可利用弹簧适当调整，最大压力为3 912kPa。

（八）导向装置

圆锥台型导向装置行走于垄沟，作成单铰接以适应地形。配合后部的2个浮动橡胶轮，形成由3个轮子组成的3点定位，并有圆锥台型导向轮紧靠垄帮。

（九）性能检测（表3－8）

表3－8 农业部农业机械鉴定总站检验结果

项目	检验结果
各行排肥量一致性变异系数（%）	2.5
总排肥量稳定性变异系数（%）	0.5
粒距合格指数（%）	79.2
重播指数（%）	9.4
漏播指数（%）	11.4
合格粒距变异系数（%）	24.6
种子破损率（%）	0.1
种子覆土深度（cm）	4.0
种子覆土深度合格率（%）	100
肥料覆土深度（cm）	6.8
肥料覆土深度合格率（%）	96
种子与肥料侧向距离（cm）	5.1
地轮滑移率（%）	11.8
机具通过性	无堵塞

五、2BJM-4型免耕精量播种机

（一）结构与工作原理

图3－24为黑龙江农业机械研究院生产研制的2BJM-4型免耕精量播种机，该机适合于我国北方旱田作物区使用，垄作或平作地区均适用。实现在未耕地上进行玉米精量播种作业，可一次完成开沟施肥、破茬、开沟精播、覆土镇压作业。是“免耕精量播种技术”的有效载体。整机田间适应性强，通过性能好，工作可靠；播种质量好，株距均匀，播深一致；镇压紧实，抗

旱保墒，苗齐苗壮，是土壤保护性耕作的理想配套机具。

图 3－24　2BJM-4 型玉米免耕精量播种机

（二）主要参数（表 3－9）

表 3－9　机具主要技术参数

项目	设计值
外形尺寸（cm）	208×285×138
结构质量（kg）	1 000
作业行数（行）	4
作业行距（cm）	60～70
工作幅宽（m）	2.4～2.8
侧施肥深度（cm）	苗侧：4～5，深度：8～12
施肥量（kg/hm^2）	150～750
播种量（万株/hm^2）	5～10
播种深度（cm）	3～7
排种破损率（%）	≤0.5
粒距合格指数	≥80
漏播指数	≤8
配套动力（kW）	48～88.2
作业速度（km/h）	6～10
生产率（hm^2/h）	1.5～2.8
运输间隙（cm）	≥35

六、2BJM-4 型灭茬播种联合作业机

（一）结构与工作原理

图 3－25 为黑龙江农业机械研究院生产研制的 2BJM-4 型灭茬播种联合

作业机，该机适合于前茬为玉米等的硬茬覆盖地免耕播种，采用带状旋耕灭茬+免耕播种作业工艺方案，适合于我国北方旱田垄作区使用。可以实现在碎秸秆覆盖的未耕垄上进行玉米精量播种作业，整机一次可完成旋刀灭茬、深松、施肥、播种、覆土和镇压等项作业。主要性能特点是：采用联合作业具有效率高，利于创农时，抗旱保墒，减少机具进地次数，田间适应性强，通过性能好等特点。

图3-25 2BJM-4型灭茬播种联合作业机

（二）主要技术参数（表3-10）

表3-10 技术参数

项目	设计值
外形尺寸（cm）	291×305×154
结构质量（kg）	1 000
作业行数（行）	4
作业行距（cm）	60~70
工作幅宽（m）	2.4~2.8
灭茬深度（cm）	5~8
侧施肥深度（cm）	苗侧：4~5，深度：8~12
施肥量（kg/hm²）	150~750
播种量（万株/hm²）	5~10
播种深度（cm）	3~7
排种破损率（%）	≤0.5
粒距合格指数	≥80
漏播指数	≤8
配套动力（kW）	58.8~88.2
作业速度（km/h）	4~5
生产率（hm²/h）	1.0~1.5
运输间隙（cm）	≥35

（三）试验结果

黑龙江农业机械试验鉴定总站对机具进行田间性能测试结果如表 3－11 所示。

表 3－11　检测结果

项目		技术标准	检测结果
排肥能力	各行排肥量一致性变异系数（%）	≤13.0	3.56
	总排肥量稳定性变异系数（%）	≤7.8	1.08
	排种破损率（%）	≤0.5	0
	作业速度（km/h）	4～5	4.86
	纯工作小时生产率（hm^2/h）	1.0～1.5	1.24
	播种深度（cm）	3～7	4.2
精播	播种深度合格率（%）	≥80	86.5
	调整粒距（cm）	—	15.6
	粒距合格指数	≥75	89.02
	重播指数	≤20	8.67
	漏播指数	≤10	6.39
	合格粒距变异系数（%）	≤35	24.67
	施肥深度（cm）	种床下：5～7	6.0
生产查定	班次小时生产率（hm^2/h）	—	0.98
	单位面积作业量油耗量（kg/hm^2）	—	13.8

七、其他玉米垄作免耕播种机

（一）栅条防堵式垄作玉米免耕播种机

1. 结构与工作原理

图 3－26 是辽宁省农业机械化研究所研制的栅条防堵式垄作玉米免耕播种机，该机利用窄形开沟器配合栅条式垄台秸秆清理器可将垄台上的浮秆清到垄沟，同时破除地表干土层达到深开沟浅覆土的目的；机具前进过程中，播种带内的秸秆、根茬等被栅条防堵机构分到播种带两侧，防止机具在开沟器上发生堵塞。另外，该机具采用双圆盘覆土、整体仿形。

图3－26　栅条防堵式垄作玉米免耕播种机

2. 主要技术参数（表3－12）

表3－12　栅条防堵式垄作免耕播种机主要性能参数

指标	参数	指标	参数
结构质量（kg）	210	播种幅宽（mm）	1 200
播种行数（行）	2	播种行距（mm）	600（可调）
播种深度（mm）	30～50	施肥深度（mm）	70～110
作业速度（km/h）	2～4	排种器形式	气吸式
外形尺寸（mm）	1 705×1 221×1 096	排肥器形式	外槽轮式

（二）2BML-3 型玉米垄作免耕播种机

1. 结构与工作原理

图3－27是由中国农业大学开发研制的2BMQL-3型玉米垄作免耕播种机，该机器主要由破茬装置、垄台清理装置、稳定装置、施肥开沟器、排种开沟器、风机、压种轮、覆土圆盘、地轮等组成。作业时，首先通过破茬圆盘刀破茬，然后由垄台清理装置将垄台上的秸秆根茬等清理到垄沟，以免垄台上的秸秆残茬堵塞机具，同时防止播种带内堆积秸秆影响出苗，再由施肥开沟器开沟施肥（采用正位深施肥，有利于垄形保持），然后由排种开沟器开沟下种，压种轮压种，最后覆土圆盘覆土。机具通过平行四连杆机构实现单体仿形，保证施肥播种深度的一致性。播种机横梁两端对称装有两个稳定装置，防止播种时机具掉入垄沟。播种机作业行数设计为3行，播种机能够在免耕垄作玉米地内实现免耕播种，机具进地一次能够完成破茬、施肥、播种、镇压以及垄形修复，减少机器进地次数，减轻了压实。

2. 主要技术参数

2BMQL-3 型垄作免耕播种机的主要参数如表3－13所示。

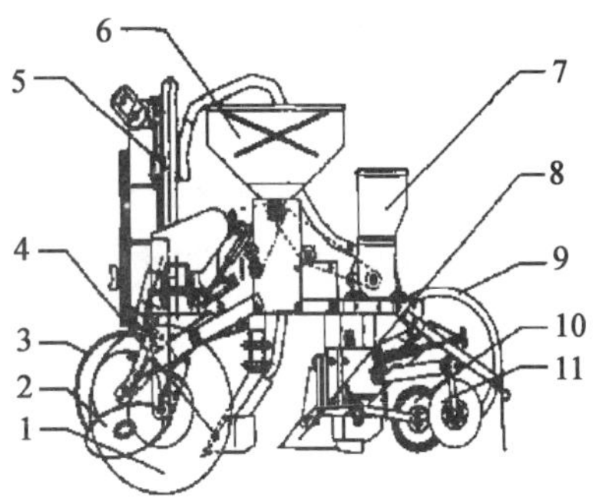

图 3－27　2BMQL-3 型玉米垄作免耕播种机

表 3－13　2BML-3 型玉米垄作免耕播种机的主要参数

指标	参数	指标	参数
外形尺寸（m）	2.4 ×3.8 ×1.4	排种器	气吸式
机具重量（kg）	776	排肥器	外槽轮式
机架形式	单梁，单体仿形	作业行数行	3
行距（mm）	500～650	施肥位置	正位垂直施肥
理论株距（mm）	120～450	播种深度（mm）	40～60
配套动力（kW）	50 以上	施肥深度（mm）	70～120

3. 试验结果与分析（表 3－14）

表 3－14　2BMQL-3 型玉米垄作播种机田间试验测定结果

项目	实测值（cm）	合格率（%）	变异系数（%）
播种平均深度	4.2	94.5	10.2
施肥平均深度	8.7	90.2	13.7
种肥间距	4.5	93.4	15.1
粒距	3.5	96.2	14.3

①试验过程中，播种平均深度 42mm，施肥平均深度 87mm，种肥间距为 45mm，合格率为 93.4%，变异系数为 15.1%，符合免耕施肥播种的农艺要求。

②播种深度与施肥深度的变异系数分别为 10.2%、13.7%，说明机具采用平行四边形单体仿形以及外缘轮式破茬刀，限深仿形效果好。

③机具滑移率为 9.2%，原因是由于机具采用直径为 60cm 的大橡胶轮

作为地轮，安装在机具两侧，附着力大。

④机具采用气吸式排种器，平均粒距为350mm，标准差为5.6，说明排种器排种稳定。

⑤堵塞情况：机具在作业过程中，没有发生堵塞现象，通过性较好。

⑥晾籽情况：由于压种轮压种以及修垄圆盘的覆土作用，没有发现晾籽现象。

第四章 深松机

深松技术是利用深松铲疏松土壤，打破原多年翻耕形成的犁底层，加深耕层而不翻转土壤，适合于旱地农业的保护性耕作技术之一。深松能够调节土壤三相比，改善耕层土壤结构，提高土壤蓄水抗旱的能力。深松后形成的虚实并存的土壤结构有助于气体交换，矿物质分解，活化微生物，培肥地力。因此，在旱地保护性耕作技术体系中，深松技术被确定为一项基本的少耕作业。

深松机具的研究在欧、美国家已相当完善，并形成系列。其松土方式有挤压松土式和振动松土式。我国研制的深松机有单柱式（包括凿式和铲式两种）和倒梯形全方位式等。

理论研究主要集中在松土机理和松后土壤结构两方面。关于松土机理主要有西湿阿科夫提出的两面楔挤压松土理论，美国的埃根穆勒提出的振动松土减小牵引阻力理论和英国 Howard 公司提出的斜犁柱松土理论。

深松是保护性耕作技术的一项重要作业内容。

一、深松的作用与机理

（一）疏松土壤，改善耕层土壤结构

土壤耕作是调节土壤水、气、热状况和土壤肥力变化的力学手段。深松作业可以降低土壤容重，增加土壤孔隙度，改变土壤耕作层构造，为作物创造良好的生长环境。试验证明，深耕深松一般可使土壤容重降低 0.01 ~ 0.05g/cm^3，孔隙度增加 0.55% ~3.96%，对于 30cm 以下的实土层，降低土壤容重增加土壤孔隙度的作用更加明显。传统的耕作方式只能以犁底层为界，形成一个很浅的“上虚下实”的耕层构造，土壤中可被作物吸收利用的养分少。采用深松作业，会创造一个“虚实兼备”的耕层构造，能协调土壤矿质化和腐殖化过程，做到养分的释放和保存两者兼顾，既能“虚”而蓄水。又能“实”而保证供水，耕层中大孔隙和小孔隙有一定比例，能解决土壤中水分和空气之间的矛盾。

增强土壤透气性并提高地温。深松能打破长期形成的坚硬厚实的犁底层，加深耕层，消除障碍层，使土壤的透气性得以改善。随着通气孔度的加大，导热性增强，从而使地温有所提高，通常可提高地温 0.5～1℃，返浆期提前 7～8 天。

（二）改善了土壤透水能力，增加了耕层蓄水

深松打破了坚硬的犁底层，土壤渗水速率提高 5～10 倍，使耕地能更好地留住降水。王晓燕等（2000）研究了不同耕作措施降雨渗入率的变化过程，来分析耕作措施对水分渗入和地表径流的影响。结果表明，在有覆盖的条件下，免耕比浅松早 4 分钟产生径流，且相对稳定渗入率比浅松处理低 10.4%。浅松作业增加了地表的粗糙度，表层土壤松软，与秸秆覆盖配合，可延缓径流产生，提高入渗率。

黑龙江省牡丹江垦区多年应用土壤深松技术的实践表明，浅翻间隔深松，遇旱能上保下供，遇涝则上跑下渗，抗旱防涝效果明显。

（三）培肥地力

土壤肥力是土壤同时不断地满足和调节作物对水、肥、气、热等生长条件要求的能力，是土壤物理、化学、生物等性质的综合反映。20 世纪 70 年代以来，我国受粮食短缺的影响，农田过量施肥，大施肥量虽然能够提高作物产量，但是却忽略了土壤自我恢复和再生的能力，出现增肥不增产的现象。

合理耕作可以培肥土壤，促进土壤中速效养分的形成。深松后改善了土壤的通透性，为耕层创造了一个较好的好氧性土壤环境，使好氧性分解作用加强，提高土壤中速效养分的供应量，使腐殖化合成活动相对增强，有机质含量提高。

有研究表明，深松可提高土壤有机质含量。深松松动了 20～40cm 土层的土壤，使作物的根系密集区下移，根系残体增多。深松耕地能够促进作物根系发达、根重增加，腐殖质含量增多，为微生物生存提供了良好的条件，起到了培肥地力的作用。

李连禄等（1991）通过对不同耕法土壤养分等的比较研究发现，在同等施肥条件下，冬小麦、夏大豆收获后，深松少耕的碱解氮、速效磷含量高于浅松少耕和常规耕作，土壤全盐含量也以深松少耕法为低，表明土壤少耕法有效地改善了土壤通气条件，促进了土壤养分的有效化，同时深松后底土有利于土壤的淋盐作用。

（四）促进根系生长，提高作物产量

土壤深松由于打破了犁底层，加深了土层，有效地促进了作物根系生长，发达的根系提高了作物的抗逆能力，有利于作物产量的形成。李洪文等（2000）连续7年对不同耕作方法的产量效应进行了研究，结果表明，与传统耕作相比，玉米地深松后，平均产量可以增加4.5%，但是增产效果不稳定，最高的年份可以增产32%，个别年份反而减产2%。小麦地深松的产量比传统耕作增产10%，6年产量中，仅有一年的产量略低于传统耕作。

（五）节能节时

不同耕作方式的劳动程度和能量投入情况不同，深松（或浅松）少耕减少了作业次数，效率明显提高。据大面积测算，在整个工序上深松平均每公顷需1.95h，常规耕作则需6.45～7.95h。深松与常规耕作相比，小麦节约工时26.4%，夏播作物节约13.7%～24.1%；农事作业总耗能节约17%左右，其中，机械作业方面耗能节约12.3%～15.7%，人畜力能节约20%左右。

二、深松作业的技术要求

（一）机具要求

①深松作业是保护性耕作技术内容之一，而保护性耕作地块可能存在秸秆覆盖，根据实际情况，选择是否有防堵功能的深松机，防止深松铲缠绕杂草秸秆等。

②深松作业前的土壤松紧度较高，深松机入土困难，牵引阻力大，需匹配大功率拖拉机。

③根据土质、土壤墒情、深松深度、深松幅宽确定配套拖拉机功率。

④深松机作业后，应该保证不翻动土壤、不乱土层。

⑤深松机工作部件应使土壤底层平整均匀。

（二）农艺要求

①深松后为防止土壤水分的蒸发，应根据土壤墒情情况确定是否需要镇压。

②深松后要求土壤表层平整，以利于后续播种作业以及田间管理。

③在干旱少雨时，不利于深松作业，减少墒情损失。

（三）技术要求

①适合深松的条件。土壤含水量在13%～22%。

②深松作业时间要求。东北垄作区深松时间一般在秋季玉米收获后或者

玉米中耕期，中耕同时完成深松作业。

③深松间隔。深松间隔一般根据垄距决定，垄沟内深松。

④深松深度。深松深度一般在25～35cm。

⑤作业中深松深度、深松间距应该保持一致。

⑥配套措施。有条件的地区在深松作业中应加施底肥，因为常年免耕，下层土壤养分较少；土壤过于干旱时可以造墒。

⑦保护性耕作主要靠作物根系和蚯蚓等生物松土，但由于作业时机具及人畜对地面的压实，还是有机械松土的必要，特别是新采用保护性耕作的地块，可能有犁底层存在，应先进行一次深松，打破硬底层。在保护性耕作实施初期，土壤的自我疏松能力还不强，深松作业也有必要。根据土壤情况，一般2～3年深松一次，直到土壤具备自我疏松能力，可以不再深松。但有些土壤，可能一直需要定期松动。

（四）不宜深松的土壤条件

深松作业能加深耕层，有利于雨季蓄水，但在选择时应慎重。实际上有些地区和条件下是不宜进行深松作业的。根据近年来在保护性耕作技术示范推广中取得的经验教训，以下几种条件下不宜进行深松作业。

①耕层以下有砂粒层的地块不宜进行深松作业，以防漏水。

②土层薄的山地不宜深松，以防将下层石块挑起。

③水田不宜深松。

④灌区应慎用深松，尤其是一些极度干旱、灌溉水有限的地区，因为，此种条件下深松后，需要的灌水量大大增加，水的利用率也低。

三、深松机的类型

（一）国外深松机的发展

在国外，如美国、英国、原苏联、澳大利亚、以色列和巴基斯坦等国已将深松耕作视为少耕法的重要组成部分广泛采用。在英国应用深松耕地的土壤面积占作物种植面积的40%。而在美国70%的耕地取消了铧式犁耕翻而代之以少（免）耕法，其中深松土壤面积占有很高的比例。图4－1为迪尔JD955型垄作深松机，该机最大深度可达308mm；深松杆前装圆

图4－1 JD955型垄作深松犁

盘灭茬。

深松机具一直是国外发达国家十分重视的一种土壤耕作机具，主要用于防治风蚀、水蚀的少耕法机具。目前，对于深松机具的研究，美国、西欧等国家对于深松机具的研究已经相当完善，并形成系列，其松土方式主要有挤压松土和振动松土两种形式。这些国家研制的深松机械主要是同大功率拖拉机相配套，其特点是深松深度大（最大可达到90cm）、作业速度快、质量好，适合于全面深松。其松土方式主要有挤压松土和振动松土两种形式。国外的深松机具一般配套动力比较大（图4－2）。

图4－2　国外几种深松机的图片

（二）国内深松机

深松机的通过性取决于地表秸秆覆盖量的多少、秸秆的粉碎程度、杂草的种类及其多少、深松机上相邻两工作部件间距及与机架形成的秸秆通过空间。一般秸秆覆盖量越大，通过性越差；秸秆粉碎越细，通过性越好；杂草尤其是拉蔓型杂草越多，缠绕深松铲柱造成堵塞的可能性越大；深松机相邻两工作部件之间的间距越大，机架越高，秸秆通过的空间越大，则堵塞的可能性越小。

目前，我国研制的深松机具主要有以下几种类型：单柱凿铲式、倒梯形全方位式、可调翼铲式、旋耕式和振动式等。它们的研制都在不同的方面对深松耕作中存在的问题给予了有效的解决，对促进我国保护性耕作技术的发展，推进可持续发展农业的进度都具有十分重要的意义。

图4-3是保定农业机械厂生产的1SND系列悬挂深松机。该机采用双铲翼上、下层松土铲，保证了理想的松土效果。下层松土铲对梨底层破碎。工作深度可在350~450mm进行调节。该种机型深松铲可装在铧式犁上。

图4-4是黑龙江省农业机械工程科学研究院生产的1SL-435型杆齿式深松机该机是在四铧梨机架上安装四组深松部件，深松部件带有双层翼铲。该机适用于东北地区使用。

图4-3 1SND系列悬挂深松机

图4-4 1SL-435型杆齿式深松机

图4-5是北京农业工程大学研制的与我国大中型拖拉机配套使用的1SQ-250型全方位深松机，这种深松机具有抗旱、抗涝、改良土壤、节本增效的显著效果，已在我国推广使用，被国家列为“九五”期间推广的重点项目。此机具采用梯形框架式工作部件，对土壤进行高效率的深松，可在松土层底部形成三条鼠道，并一次即可完成连片深松，减少了拖拉机的往返次数。

图4-5 1SQ-250型全方位深松机

图4-6是河北华勤机械股份有限公司生产的1SZ-60型振动深松机，1SZ-360型振动深松机。该机是与免耕播种机配套作业的一种农机具。间隔深松可形成虚实并存的耕层结构，虚部深蓄水，实部提墒供水，打破长期翻耕形成的犁地层，有利于雨水的渗入与作物根系的发育，改善了土壤的透水、透气性

和土壤的团粒结构。该机适用于华北、西北等地区作业。

图 4－7 是中国农业大学保护性耕作研究中心研制、山西旋耕机厂生产的 1S-3 型深松机，1S-5 型深松机。该机由机架、梨柱、铲尖、左右侧翼等零部件构成。梨柱与支座用 2 个销轴联接，其中前边的销轴为安全销，起过载保护作用。该机采用间隔式作业，适用于我国北方旱作地区保护性耕作。

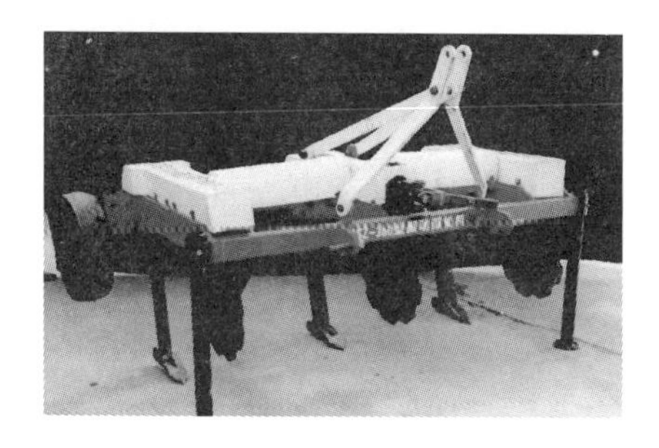

图 4－6　1SZ-360 型振动深松机

图 4－7　1S-3 型深松机

第五章　中耕起垄机

玉米在田间生长过程中，需要进行间苗、除草、松土、施肥、起垄和防止病虫害等作业。在东北垄作区，中耕施肥起垄是玉米田间管理的一道重要工序，通过施肥起垄，可以促进作物根系生长、防止倒伏，创造良好的土壤条件。必要的田间管理是保证作物“高产、优产和优质”的有效措施。中耕机械是作物田间管理必不可少的工具。

一、中耕起垄的作用

（一）增加作物生长带土层厚度，增加土壤孔隙度，防止土壤板结

垄作法由于将沟中泥土覆于垄面，加厚了适宜作物生长的熟土层，有效养分增加，不仅增强了耕层的保肥性，又增加了根系的扩展范围，提高了根的吸水吸肥能力，促进植株的健壮和结实。垄作土壤容重较小，氧化还原电位较高，土壤质地疏松，通气性好，孔隙率、气相率相应增加，土壤的物理性状得到改善。氧化还原电位高，氧气含量充足。一方面，根际微生物活跃，有助于矿物质的解吸和利用，减少了还原性物质对秧苗的毒害作用；另一方面，也协调了根系生长环境中水、肥、气、热的关系，促进了微生物的活动，改善了根系生长的土壤环境，利于作物个体生长发育与高效群体的建成。

垄作培土是改变土壤孔隙度最直接、最简单的机械方法。通过起垄培土，土温升高，温差变大，上层土壤容重减少，孔隙度增大，这种“上虚下实”的分布，有利于土壤通气透水和保水稳扎根的功能。

（二）增加土壤表面积，使土壤受光面积增大，利于吸热和散热

平地起垄后，接受太阳光照射以及与空气进行热交换的面积增加30%以上，这对处于高寒地区的东北各省至关重要。漫长冬季过后，到了回暖期，垄体开化早，升温快，有利于早播种早出苗，加长了作物生育期，增加了有效积温。郭仁卿等研究认为垄作栽培增温的原因除调节热容量、导热率等外，主要是通过调节接受太阳辐射能的面积、部位、角度与方位达到最充

分地接受并合理分配使用太阳能，以达到增温效果。这种温度效应在不同垄向（东西垄或南北垄）之间有差异，由于太阳辐射能的合理分配，南北垄向上述温度效应优于东西垄向。研究结果表明，春季垄作栽培比传统平作栽培土壤耕层温度升温快，有利于提高分蘖成穗率，具有增穗数、促穗大的双重作用。

（三）大雨过后利于排水防涝，干旱时利于顺沟灌溉

在雨水集种季节，垄台与垄沟位差，便于垄沟内排水防涝，可减轻涝害及根腐病的发生；同时坡地筑横垄还可防止土壤被水冲蚀；在美国的密苏里州，Kitchen 等的研究表明，在雨水较多时，垄作能够合理分配田间水分，在持续多雨的季节，垄台能够保持相对干燥，防止涝灾。

传统平作栽培因大水漫灌，增加了水分蒸发面积，早春气候条件干燥，而且此时地表裸露面积大，水分丧失远超过垄作栽培；而垄作栽培由于灌水是沿垄沟进行，灌溉水一部分直接入渗地下，另一部分则沿两侧垄体入渗至垄顶根际部位及垄体底部，垄作栽培的土壤表面积虽大于传统平作栽培，但有效蒸发面积则比传统平作栽培小，这是垄作栽培水分利用效率显著提高的主要原因之一。

（四）垄作可减少风蚀

垄作由于改变了地表形状，能够阻风和降低风速，被风吹起的土壤落入临近的垄沟，防止土壤被风吹田地里。荣姣凤的研究表明垄台方向顺着风向时，风蚀量随风速呈抛物线函数变化，其余垄向的风蚀量随风速呈线性函数变化。其中，垄向顺风的风蚀量最大，风向垂直于垄台时最小。

（五）植物根部培土，可以防止倒伏

任德昌等在山东对冬小麦垄作高产栽培技术增产效应及增产机理研究时提出，小麦垄作栽培技术可改善土壤理化性状，增加边行优势，使小麦苗期能够稳健生长，基部第一节、第二节变矮增粗，增强植株抗倒伏能力及抗病性。

（六）中耕起垄培土有利于集中施肥，可节约化肥

王旭清等在山东对小麦垄作栽培的肥水效应及光能利用分析研究中指出，小麦垄作栽培中以垄沟内小水渗灌代替传统平作的大水漫灌，化肥以垄沟内集中条施代替传统平作的撒施，相对增加了施肥深度。由此，灌溉水的利用率比传统平作提高 18.9% ~32.2%，氮肥利用率提高 12.7% ~13.7%。垄作栽培由于改善了田间通风透光条件，光能利用率比传统平作提高 10.0% ~13.2%。

二、中耕起垄机技术要求

（一）机具要求

①保护性耕作地块起垄，由于地表比较坚硬，起垄机应该有较强的入土性能。

②起垄（修垄）是垄作保护性耕作技术的主要内容之一，保护性耕作地块要求秸秆和残茬覆盖地表，为此要求工作部件有良好的通过性能而不被杂草缠绕。

③根据土质、起垄高度以及起垄幅宽等确定拖拉机的功率匹配。

④起垄机一般应该具有施肥功能。

⑤起垄机不能损伤幼苗，防止造成减产。

（二）农艺要求

①起垄（修垄）后，土壤应该覆盖追肥，禁止化肥裸露土壤外。

②起垄过程中，禁止土壤覆盖作物叶子，禁止有化肥掉入茎叶内，防止烧苗。

③起垄后一般应该镇压修正垄形。

④起垄过程中，防止垄沟内的秸秆被挑起，损伤幼苗。

（三）技术要求

①适耕条件，土壤含水量13%～20%。

②中耕时间，玉米苗高在20～40cm。

③垄台高度为15cm左右，垄台宽度根据垄距实际情况确定。

三、中耕起修垄机类型

起垄、修垄机具主要是指用于垄作制起垄以及垄间培土中耕作业的机械。就玉米垄作免耕播种作业而言，由于原垄免耕播种过程中，原有垄台遭到破坏，为了保证垄作的效果，垄台修复十分必要。另外，垄台对于播种的质量及作物后期的生长和管理有着非常重要的意义，因此，起垄、修垄作业是垄作技术模式下一项比较重要的作业环节。

（一）国内起垄机

在辽宁垄作区传统的畜力垄作机具有犁杖、扭耙、铲梢机等，至20世纪80年代发展起来的垄作机具主要有悬挂垄作七铧犁、综合号耕种机、旋耕起垄机（图5－1）等。悬挂垄作七铧犁是与履带式拖拉机配套的大型通用垄作机械，除用于播前起垄和苗期中耕外，还可用来扣种（将原有垄脊破开成为垄沟并在新的垄脊上播种）大豆和玉米；并能在播种、中耕的同时深松垄体或垄沟。其主要工作部件是带分土板的三角犁。分土板开度可根据垄形要求进行调节。三角犁能使垄台保持足够的土壤，以利于保墒。综合型耕种机有4行和6行两种，主要应用于大豆、高粱、谷子等作物的起垄播种。

图5－1　旋耕起垄机

在垄作保护性耕作技术应用推广过程中，垄台的形状对于播种质量及作物后期的生长有着非常重要的意义。垄作保护性耕作的作业模式是在春季播种时在上一年的垄台上实施原垄免耕播种，在玉米拔节期使用中耕修垄机进行垄台修复作业。而在国外，由于玉米在生长过程中一般不进行追肥作业，因此，一般需要在播种前对垄台进行修复，以保证播种机播种的顺利。

玉米在田间生长过程中，需要进行间苗、除草、松土、培土、灌溉、施肥和防治病虫害等作业，都统称为田间管理作业。田间管理的作用是按照农业技术要求，通过间苗控制作物单位面积的有效苗数、并保证禾苗在田间合理分布；通过松土防止土壤板结和返碱，减少水分蒸发，提高地温，促使微生物活动，加速肥料分解；通过向作物根部培土，促进作物根系生长、防止倒伏，创造良好的土壤条件；通过化学和生物等植物保护措施，防止病、虫、草害发生；通过灌溉为作物生长提供水分，必要的田间管理是保证作物“高产、高效和优质”的有效措施。相对整地机械及玉米播种机等机具，玉米追肥机的研究相对较少。20世纪90年代，辽宁农业机械研究所研究设计了单行垄作玉米追肥机（图5－2），该机具主要由手扶式5.9kW的配套动力、肥箱、两个开沟器、限深轮组成，其中，开沟单体与手扶拖拉机之间是刚性连接，通过限深轮调节施肥深度。作业时，在手扶式拖拉机的牵引下，施肥开沟器在玉米行的侧向开沟追肥。该机具结构简单，作业轻巧，适合小型农户田间玉米追肥作业。

图5－3为中国农业大学农业部保护性耕作中心研究的玉米免耕垄台修复机，主要由机架、变速箱、肥箱、刀盘、刀片、开沟铲以及凹形双圆盘等组成。机具作业时，拖拉机动力输出轴输出的动力经万向节传递给垄台修复中耕施肥机的变速箱，然后由变速箱传递给刀轴，刀轴带动直刀转动，切茬破土，然后再由开沟铲二次开沟松土，最后通过修垄凹形圆盘修复垄形。该

机具进地一次可完成碎秆、施肥、镇压、垄形修复，减少机具进地次数，从而减少了对土壤的压实，降低能源消耗，该机具主要是针对秸秆覆盖的垄作保护性耕作地块设计的。

图 5－2 单行垄作玉米追肥机

图 5－3 玉米免耕垄台修复施肥机

（二）国外起垄机情况

在 20 世纪 90 年代，美国各农机公司针对垄作模式研制了大量垄作配套机具，其中，最有代表性的公司就是美国的 Buffalo 农机公司。图 5－4 为该公司研制的犁板式垄作修垄、起垄装置，该装置主要由犁体和分土板等组成，其中，犁体主要负责疏松垄沟内的土壤，保证有足够的土壤遇到后方的犁板后向两侧的垄台移动，另外，该装置的犁板之间通过串孔连接，这样可以保证在不同垄距情况下，调节串孔的位置实现对两犁板夹角的调节，从而实现对向垄台覆土量的调节。图 5－5 为美国 Buffalo 公司研制的垄台修复起垄机具，该机具的工作原理是依靠一对对峙安装的凹形圆盘行走在垄沟内，依靠凹形圆盘的翻土能力强的特点，将垄沟内的土壤修复到垄台上，以保证垄台的形状。

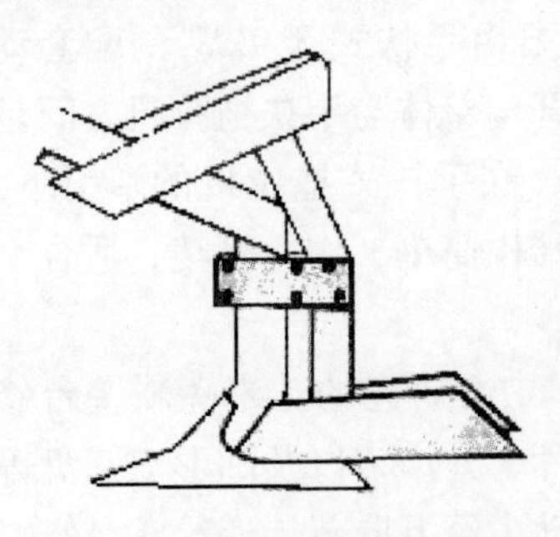

图 5－4 犁板式起垄修垄装置

墨西哥研制的单行起修垄机（图 5－6）结构比较简单，整机主要由限深镇压滚筒、垄沟开沟器、地面仿形轮等组成，通过中间的限深镇压滚筒可以调节起垄高度，镇压垄面。该机一次作业起 1 行垄，所需配备动力小，可与 8.8kW 左右的手扶拖拉机配套，适应于小地块的起垄和修垄作业。图 5－7 所示的 4 行修垄机在墨西哥较为普遍，该机可在作物收获后，完成传统耕作或免耕秸秆覆盖条件下的 4 行旧垄的修垄作业，也可在作物生长过程中进行作物行间除草作业，较好地实现了一机多用的功能。

图5-5　垄台修复机具

图5-6　墨西哥单行起修垄机

随着保护性耕作技术的不断推广，以及国际交流合作的不断开展，垄作保护性耕作技术在印度也得到了一定程度的发展，对于垄作保护性耕作配套的机具也进行了大量的研究。图5-8为印度研制的5行垄台修复机具，主要应用于播种前对垄台进行修复。修垄部件主要由两个前后错开的凹形圆盘组成，这样的结构有利于防止在垄沟内存在大量的秸秆而造成两个凹形圆盘之间发生堵塞的现象，该机具也同样是通过凹形双圆盘将垄沟内的土壤翻动到垄台上，实现垄台修复。

图5-7　墨西哥4行修垄机

图5-8　印度垄台修复机具

第六章　秸秆还田机

农作物秸秆是农作物生产系统中一项重要的生物性资源，也是保护性耕作技术的核心内容之一。秸秆粉碎还田技术就是用秸秆粉碎机将摘穗后的玉米、高粱、小麦等农作物秸秆就地粉碎，均匀地抛撒在地表，使之腐烂分解，达到培肥地力、水土保持与环境安全的一项机械化保护性耕作技术。

秸秆还田机主要有锤爪式和甩刀式秸秆还田机。

一、秸秆还田的作用

①提高土壤有机质含量，改善土壤物理性状。土壤有机质是土壤肥力的重要指标。秸秆还田能促进土壤有机质更新，提高土壤有机质含量。大量试验表明：在现有耕作制度和有机肥施用水平下，每亩耕地需还草 150kg 以上，才能使土壤有机质保持平衡并略有提高。秸秆还田后还能改善土壤物理性状，土壤容重降低，孔隙度增加，从而疏松土壤，提高土壤保水保肥能力和缓冲性能。

②维持土壤养分平衡，提高肥料利用率。秸秆还田还为土壤微生物活动提供了丰富的碳源，促进微生物生长、繁殖，提高土壤的生物活性。一方面促进了土壤中难溶性磷和微量元素的转化，固定和保存土壤氮素，减少氮的损失，提高了肥料利用率。另一方面秸秆还田给土壤提供了氮、磷、钾、硅及多种微量元素养分，释放的微量元素占作物吸收总量的60%，不仅增加土壤养分，还提高了养分有效性。据测算，100kg 稻、麦秸秆含氮 0.5kg 左右，磷 0.1～0.2kg，钾 1～3kg，相当于 15：15：15 含量的高浓度复合肥 10kg 的含钾量，3kg 的含氮量，1kg 的含磷量。

③增强农田保水抗旱能力，改善农田生态环境。秸秆覆盖地面，干旱期减少土壤水分的地面蒸发量，保持耕层蓄水量，雨季缓冲大雨对土壤的侵蚀，减少地面径流。覆盖秸秆隔离了阳光对土壤的直射，有效地调节土体温度。另外，农田覆盖秸秆，还能抑制杂草的生长，与除草剂配合使用，提高化除效果。

二、秸秆粉碎还田机作业的要求

①秸秆切碎合格率要满足国家要求（国家标准：玉米秸秆切碎合格长度≤10cm，秸秆切碎合格率≥85%）。

②留茬高度。秸秆粉碎还田机作业时对留茬高度的要求为≤10cm。

在保护性耕作实施中，秸秆切碎长度和留茬高度的把握还要考虑后续作业的方便性，如后续播种作业所用的免耕播种机防堵性能优良，秸秆切碎合格率低一些或留茬高度高一些也没有问题，否则，则应进一步提高粉碎还田质量；如粉碎后要经过休闲一定时间才进行播种作业，对于休闲期风大的地区，粉碎还田时应将留茬高度加大，以防止大风将碎秸秆吹走或在田间集堆，此时的留茬高度一般应大于20 cm。

③作业时尽可能减少对土壤的搅动，以利于秸秆覆盖条件下实施机械化保护性耕作播种。

④为保证免耕播种机的通过性，秸秆应均匀铺撒。作业时注意尽量避免中途停车，以防止秸秆成堆堵塞。

⑤谷物收获后对条铺秸秆进行切碎时，为了使铺撒宽度达到或接近收获机的工作宽度，所用的粉碎机必须带有铺撒装置。

三、秸秆还田机发展现状

（一）国外情况

国外秸秆粉碎还田机比较成熟，意大利、美国等发达国家在该领域处于领先水平，其主要机具如下。

①意大利 OMARV 公司开发的各类机具能满足不同作物秸秆的粉碎还田要求，同一机具换用不同刀具可以进行玉米、水稻、小麦等作物秸秆粉碎，机具制造质量好，耐用可靠（图6－1）。

②丹麦研制出与29～37kW 拖拉机配套的 KST1500 和 SKT200 型秸秆粉碎还田机（图6－2）。

③印度 IndiaMART InterMESH 公司生产的浅旋秸秆还田机（图6－3）。该机具的主要特点及参数如下。

- 变速箱转速为540r/min
- 侧链传动
- 悬挂式
- 工作宽度为152～175cm；机具宽度为190～208cm

图6－1　意大利秸秆还田机

图6－2　丹麦秸秆还田机

- 配套动力为40～60马力
- 灭茬深度为15cm
- 刀片数量为36～42个

④美国万国公司研制的与90kW拖拉机配套的60型秸秆切碎机。

⑤西班牙AGRIC公司研制立式粉碎机，适合于小麦、豆类等秸秆粉碎还田。

总之，国外秸秆还田技术比较完善，机具品种多，性能可靠，但价格昂贵。

图6－3　印度秸秆还田机

（二）国内情况

从工作部件配置来看，有卧式切碎还田机和立式秸秆还田机，但目前还是以卧式切碎还田居多，这种机型结构简单，工作也较可靠。

从甩刀型式来看，有L（Y）型、直刀型、锤爪式等。

①L型与Y型甩刀（图6－4和图6－5）。玉米秸秆粗而脆，刚度较好，粉碎这类秸秆以打击与切割相结合。目前大多数玉米秸秆还田机的甩刀都采用斜切式L型刀片，利用滑切作用可以减小30%～40%的切割阻力。

②直刀型甩刀（图6－6）。由于小麦、水稻等秸秆细而软、质量轻，粉碎这类秸秆以切割为主，打击为辅，要采用有支撑切割，所以，以直切型为较好，且刀刃要求锋利，但这种刀片结构较复杂。意大利NL系列秸秆还田机采用的刀片属于这种类型。

③锤爪式甩刀（图6－7）。由于锤爪质量大且重心靠近刀端，所以转动

惯性大，打击性能较好，但其功耗较大，另外，由于它的惯性大，主要用于大中型机具上。锤爪式采用铸钢制造，适用于玉米和棉花等强度比较大的秸秆的粉碎。另外，对一些比较软的秸秆的粉碎也很合适。

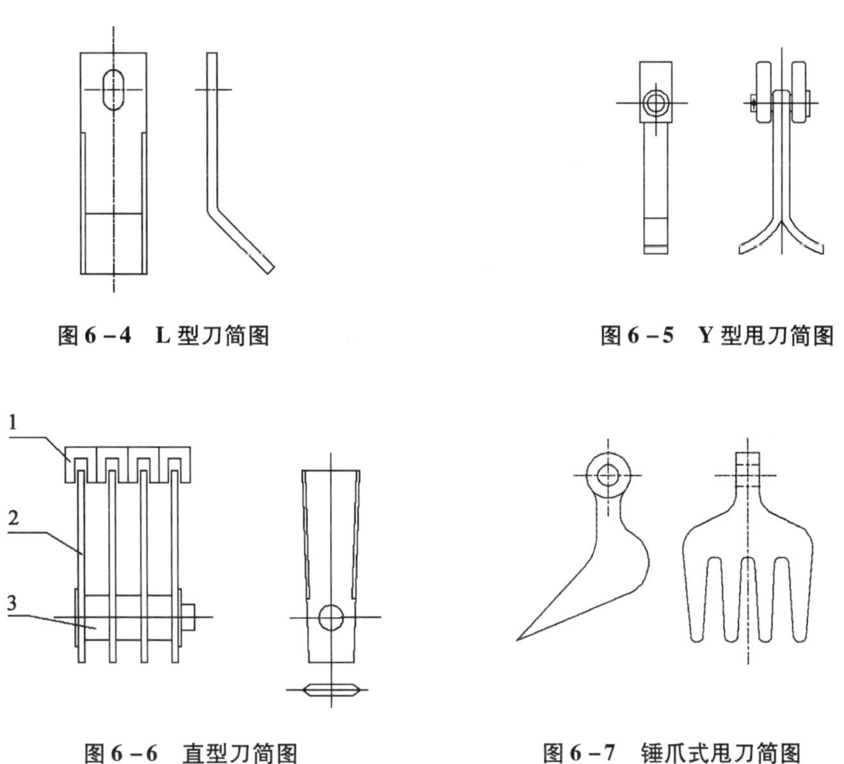

图 6－4　L 型刀简图

图 6－5　Y 型甩刀简图

图 6－6　直型刀简图

1. 定刀；2. 动刀；3. 轴销

图 6－7　锤爪式甩刀简图

石家庄市农机厂生产的4Q 系列秸秆还田机采用的刀片就属于这种类型（图 6－8）。4Q 系列秸秆切碎还田机按切碎刀具的不同，分为锤爪式、甩刀式和直刀式 3 种。该机主要由万向节、悬挂机构、变速箱、筒轴、张紧轮、地轮等部件组成。动力由拖拉机后输出轴通过万向节传入，再通过齿轮变速及三角带传动，带动筒轴高速旋转，切碎秸秆。高速旋转的锤爪冲击秸秆并将地上的秸秆捡起。由于锤爪的高速旋转，在喂入口处负压的作用下，秸秆被吸入机壳内，并与机壳内的第 1 排定刀杆相遇，受到一次剪切。接着流经曲线形的机壳内壁时，由于截面的变化导致气流速度的改变，使秸秆多次受到锤爪的锤击。当秸秆进入锤爪与后排定刀杆的间隙时，又一次受到剪切和撕拉的作用，得到进一步粉碎。最后被气流抛送出去，抛撒到田间。

图6－9为陕西秦丰农机（集团）有限公司生产的4J-150型秸秆粉碎还田机。该机的粉碎刀形式为锤爪式。主要适用于田间直立或铺放作物玉米、小麦、高粱秸秆及蔬菜瓜果的茎蔓的粉碎还田（表6－1）。

表6－1　4J-150型秸秆粉碎还田机主要技术参数

项目	项目
整机结构质量（kg）：480	外形尺寸（mm）：1 470×1 160×740
工作幅宽（mm）：1 500	机具与拖拉机挂接形式：三点悬挂
刀轴转速（r/min）：2 000	适于粉碎秸秆类型：玉米等
生产率（亩/h）：≥7.5	配套动力（kW）：36.75
粉碎刀型式：锤片	机具参考价格（元/台）：4 300

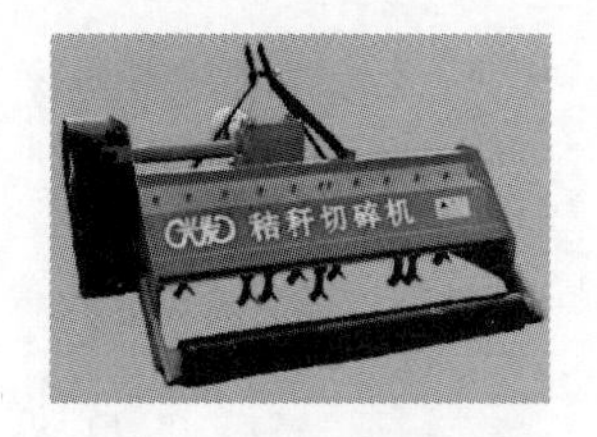

图6－8　Q系列秸秆还田机

图6－9　4J-150型秸秆还田机

图6－10是潍坊市宏胜工贸有限公司生产的1JGD-90-150型秸秆还田、灭茬两用机，该机具的优点是一种机具具有还田、灭茬两种功能。具有灭茬定刀，具有较好的经济效益，主要技术参数如表6－2所示。

表6－2　1JGD-90-150型秸秆还田、灭茬两用机主要技术参数

项目	1JGD-90	1JGD-90
工作幅宽（cm）	90	120
粉碎长度（cm）	≤10	≤10
留茬高度（cm）	2～8	2～8
配套动力（kW）	22～29.5	25～36.7
刀具形式	人字形/灭茬刀	人字形/灭茬刀
刀轴转速（r/min）还田/灭茬	1 950/720	1 950/720

图6－11为山东省兖州市玉丰机械有限公司生产的4JGH系列秸秆粉碎还田机，4JGH系列秸秆粉碎还田机可与18型、20型、30型、40型、50型、55型、60型、65型等多种马力拖拉机相配套，本系列还田机具有设计

先进、结构简单、配装主机方便、粉碎效果好等特点。4JGH 系列秸秆粉碎还田机全悬挂在拖拉机上，切碎部分采用了多排定刀与甩锤（甩刀）重合作用，并对甩锤的排列进行了优化，实现了剪切与冲击的有效结合，切碎长度小，粉碎效果好，抛撒均匀，易于秸秆腐烂和后续耕作。对田间直立式或铺放在地上的秸秆均有良好的粉碎效果（表6－3）。

图6－10　1JGD-90-150型秸秆还田机

表6－3　4JGH 系列秸秆粉碎还田机主要技术参数

产品型号	4JGH 1.5 型	4JGH 1.68 型	4JGH 1.8 型
外形尺寸（长×宽×高）(mm)	1 530×1 805×780	1 698×1 805×780	1 830×1 805×780
整机重量（kg）	450	460	480
配套动力（kW）	37～51	48～58	48～58
刀轴转速（r/min）	1 800	1 800	1 800
锤爪数量（把）	10	锤爪：10（甩刀：90）	锤爪：10（甩刀：108）
作业幅度（mm）	1 500	1 680	1 800
抛撒高度（mm）	1 500～2 000	1 680～2 200	1 800～2 300
留茬高度（mm）	20～80（可调）	20～80（可调）	20～80（可调）
秸秆切碎长度合格率（%）	≥90	≥90	≥90
生产效率（亩/h）	5～12	5～12	5～12
万向切花键孔联接尺寸(mm)	8×48×42×8	8×48×42×8	8×48×42×8

4JGH1.5型

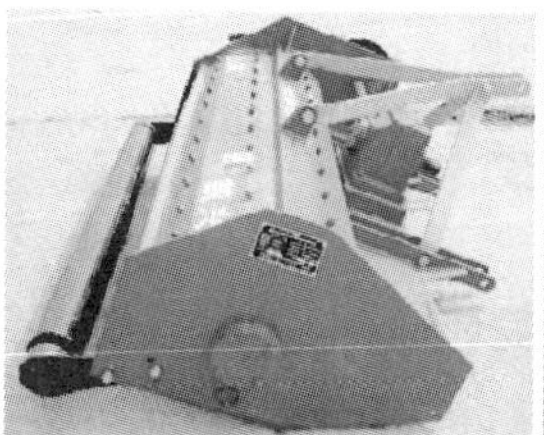

4JGH1.68型

4JGH1.8型

图6－11　4JGDH 型秸秆还田、灭茬两用机

四、秸秆粉碎还田机的主要存在问题及发展趋势

（一）主要存在问题

我国的秸秆粉碎还田机增长速度虽然很快，但其发展仍然存在着不少问题，主要表现在：

①适应性较差。秸秆还田理论研究较少，多数停留在低水平上，对结构参数，运动参数、动力参数的配置与选择，缺乏理论和实践数据。许多机械适用性不广，不能正常发挥效能。现有的秸秆还田机对玉米秸秆基本上可以满足农艺要求，由于稻麦类软秸秆粉碎机基本上是参照北方玉米、高粱秸秆粉碎机改制的，对小麦、水稻秸秆还田质量比较差。

②秸秆粉碎还田机是高速旋转机械，工作部件易损坏，可靠性差，安全隐患多；整机噪音、振动大。

③秸秆切碎还田机的切碎能力不强，粉碎后的秸秆大于10cm，达不到还田目的，影响后续播种作业。

④秸秆还田机刀具动能利用率低，功率损耗大；作业效率不高，为满足农艺要求，一般须二次粉碎作业，生产率一般不超过0.67hm^2/h；秸秆重切漏切严重。

⑤功能单一，大多数秸秆还田机只能完成单一秸秆粉碎作业。

（二）主要技术差异

对比国际秸秆粉碎还田机的发展现状，我国还有较大的差距。从结构型式上看，主要以卧式、侧边传动为主。这一点没有差异。主要的技术差异表现在如下的几个方面。

①驱动方式。国外机具既有动力输出轴驱动，又有液压驱动。而国内一般都采用动力输出轴驱动。

②悬挂方式。国外机具的悬挂型式多种多样，分前悬挂、侧悬挂和后悬挂，有的悬挂位置还可以调节。而国内的悬挂型式比较单一，均为固定式后悬挂。其他悬挂型式的极少。

③工作部件。国外机具的甩刀和锤爪有多种不同型式，以适应不同的工作状况；动刀与定刀的配合形式多样。而国内的机具在这些方面所表现的型式较少。由于工作部件的材质和热处理工艺的差异，致使国内外机具的使用寿命差异较大。

④安全防护。国外机具的机罩防护牢固，前部防护均有活动的防护帘，以确保机具工作时始终与地面接触；左右侧面防护到位有效，保证工作时不

会有异物抛出；万向节传动轴和输入轴均有安全防护罩；传动轴多采用超载离合器；输入轴的防护罩有的采用了全冲压成形的悬挂装置，防护作用安全有效；安全警示标志较规范，数量多。而国内机具在安全防护结构和安全警示标志利用方面存在较大的差距。有的机具机罩所用材料厚度偏薄，造成整机刚性下降，影响了使用寿命；有的机具防护罩强度不够，根本起不到安全防护的作用；有的机具没有安全警示标志。

（三）发展趋势

秸秆还田机具是我国农机发展的一个重要领域，应以技术创新为结合点，综合利用秸秆，开发更多更新的秸秆还田机具，实现秸秆的合理利用。秸秆还田机受国家政策的促动，将会有很大的发展，在市场需求的作用下，其发展趋势：

①与大中拖配套产品将成为主导。随着农机市场化的发展，与大中型拖拉机配套的秸秆粉碎还田机生产效率、作业质量优于小拖，大中型秸秆粉碎还田机将主导市场。小型还田机则作为一种补充。

②复式作业机型的发展。复式还田机可以减少作业费用和拖拉机进田次数，其主要形式有：收获机 + 切碎还田装置、秸秆切碎 + 根茬破茬机、秸秆粉碎机 + 根茬破碎 + 免耕播种、秸秆还田 + 旋耕、秸秆还田 + 深松等。以上模式或二合一或三合一，取代目前的单项作业，这样机型是今后发展的重点，也是市场需求的重点。

③加强还田机技术水平的研究。提高产品安全性和可靠性，增加产品的寿命。

五、玉米联合收获机配套的秸秆粉碎机

玉米联合收获机是在玉米成熟时，根据其种植方式、农艺要求，用机械来完成对玉米的茎秆切割、摘穗、剥皮、脱粒、秸秆处理等生产环节的作业机具（图 6 - 12）。玉米联合收获机械的使用有利于保护性耕作技术的推广。

图 6 - 12　玉米收获后秸秆粉碎装车

在东北垄作区，玉米是单季作物，一年收获一次，所以，玉米的种植密度大，秸秆高，结穗部位高，秸秆粗壮。而且又是垄作，这就给玉米收获机提出

了更高的要求。

玉米联合收获机的主要作业工序如下：摘穗→剥皮→秸秆处理（秸秆粉碎还田或者秸秆粉碎装车）。

秸秆切碎的关键技术有如下两个。

一是秸秆切碎装置地面仿形机构，在茎秆切碎装置上采用液压控制地面仿形机构，通过仿形机构，可以上切碎装置随地面起伏而上下起伏，从而保证割茬高低均匀一致，提高茎秆切碎效果，方便操作。

二是自磨刃茎秆切碎刀片，采用高锰钢，应用等温淬火工艺制作茎秆切碎刀片，以提高刀片的韧性及耐磨性，能试单面刀刃的使用寿命不小于100h。中国收割机械总公司研制的4YZ型自走式玉米联合收割机带有秸秆粉碎还田装置（图6－13）。

4YZ-3型

4YZ-4型

图6－13　4YZ型自走式玉米联合收割机

第七章　杂草与病虫害防治

防治病虫草害是保护性耕作的重要技术环节之一，为了使实施垄作保护性耕作田块农作物生长过程中免受病虫草害的影响，保证农作物正常生长，搞好病虫草害的控制和防治非常重要。

喷施农药是除草、灭虫、灭菌、调节农作物生长的有效途径。因此，多年来一直是农业生产技术的重要组成部分。由于农业生产对农药的需求旺盛，使得农药的研究开发与生产一直保持较高的发展势头。目前世界上研发出的农药有效成分已达500余种，而一种有效成分可加工成多种制剂，还可生产混配制剂。使得农药品种越来越多，农药销售额不断上升。1996年世界农药销售已突破300亿美元。按销售额来划分，各类农药的大致比例为：杀虫剂占29.0%，杀菌剂占17.8%，除草剂占47.4%，其他占5.8%。

保护性耕作由于取消了铧式犁翻耕处理杂草的手段，杂草较一般传统的多。同时，由于保护性耕作地地表有秸秆覆盖，给化学除草、机械或人工除草都带来一定困难。但是，实施保护性耕作后，由于对土壤扰动少，草籽一般聚集在地表3~5cm范围内，萌发比较集中，容易集中灭除；而翻耕地的草籽分布在0~20cm土层，萌发分散，需多次除草。

控制病虫危害是农业生产中的重要环节，也是实施保护性耕作技术必须考虑的重要内容。国际上实施保护性耕作技术多年、旱作农业技术发达的美国、澳大利亚等国，普遍认为，实施保护性耕作后，病虫对农作物的危害会加剧，原因是覆盖的秸秆会成为部分病菌的寄生地，但中国农业大学在山西连续十多年的保护性耕作试验研究中，并未出现病虫危害比传统耕作地严重的现象。尽管如此，在推广实施保护性耕作技术中，各地应重视对病虫害的监测，一旦发现病虫危害达到防治标准，立即采取相应措施进行防治。

目前，控制病虫害的措施主要是在播前对作物种子进行药剂拌种，作物生长中喷洒杀虫剂、杀菌剂防治。

使用除草剂、杀虫剂、杀菌剂等会有一定的污染，也会造成一定的农药残留，常用的药剂也不够广谱、价格也较高，但是保护性耕作的杂草控制和病虫害防治还应以化学喷药为主，辅以机械或人工进行。

一、杂草病虫害防治注意事项

（一）药物除草注意事项

1. 土壤封闭除草法

①土壤表层湿润是药效发挥的最佳条件，应在土壤墒情良好的情况下，一次喷洒均匀，不重喷、不漏喷。

②一般灭茬后才能打封闭。否则，不宜采用土壤封闭除草法。因为不灭茬，药液多黏附在秸秆上，不能在地表形成药膜，影响药效的正常发挥。

③干旱、缺水的砂壤土不宜采用土壤封闭除草法。因为药液接触地表后，水分便迅速蒸发，不能在地表形成药膜，也阻碍了药剂在杂草体内的传导。

④应克服惜水不惜药的现象，干旱条件下适当加大对水量，每亩对水量不少于50kg。

⑤喷药时间宜在10:00时前、16:00时后，避免高温施药。

⑥喷施时采用倒行式，使药剂在地表形成的药膜不被破坏，确保药效的正常发挥。

2. 苗后喷药技术要点

①严格掌握施药时期：玉米5叶期、杂草4叶期后，禁止使用，以免产生药害或影响除草效果。

②严格按照稀释倍数喷施，不要擅自加大或缩小使用倍数。

③避免高温喷雾；大风天气禁用。

（二）玉米病虫害防治

玉米常见病虫害及其喷药防治

1. 玉米病害

玉米常见病害有玉米叶斑病、玉米粗缩病、玉米矮花叶病、玉米茎腐病、玉米穗腐病、玉米黑粉病、玉米疯顶病等。喷药防治如下。

①防治玉米叶斑病可用10%世高、70%代森锰锌、75%百菌清、50%多菌灵、45%大生、50%甲基硫菌灵、50%福美双、50%退菌特、70%甲基托布津等，在田间发病率10%时或抽雄前开始第一次防治，以后每隔7~10天喷1次，连喷2~3次。

②防治玉米粗缩病一般用消灭其传播介体灰飞虱的方法。

③防治玉米矮花叶病一般用消灭其传播介体蚜虫的方法。

④防治玉米茎腐病、玉米穗腐病、玉米黑粉病、玉米疯顶病等一般均通过拌种解决。

2. 玉米虫害

玉米常见虫害有玉米螟、黏虫、玉米红蜘蛛和土蝗等，喷药防治方法如下。

①防治玉米螟可用0.3%辛硫磷颗粒剂，2.5%西维因和3%呋喃丹颗粒剂，也可用1%1605颗粒剂，即用50%乙基1605乳剂1kg对水10kg稀释，拌入50kg过筛的细炉渣（小米粒大小），每株在心叶内撒施2g左右，即每千克颗粒剂可防治500株。

②防治黏虫可用灭幼脲1号，亩用量原药1~2g，或用灭幼脲3号，亩用量原药5~10g，在玉米苗期幼虫数量达到20~30头/百株时，后期50头/百株时，在幼虫3龄前及时喷施。也可用0.04%二氯苯醚菊酯粉剂，亩用量1.5~2kg，相当于原药0.6~0.8g防治。

③防治玉米红蜘蛛可用40%乐果乳剂1kg加20%三氯杀螨醇1kg，对水1 000kg，配成混合液喷雾，杀死成螨和卵，将红蜘蛛消灭在点片初发阶段；用20%三氯杀螨醇1 000倍液喷雾，或用10倍液超低量喷雾，可有效除成螨。

④防治玉米土蝗可用60% D-M合剂乳剂50~75ml，加水30kg，或用50%甲胺磷乳油500ml，加水30kg喷雾。

二、喷药机

喷施化学药剂的机械主要有喷雾机、喷粉机、喷烟机以及喷撒固体颗粒制剂等，由于农药种类和作物种类不同，药液喷撒方式和病虫害的防治要求也不同，决定了喷药机械品种的多样性。

按照配套动力，可分为人力喷药机、畜力喷药机、小型动力喷药机、拖拉机悬挂或牵引式大型喷药机以及航空喷药机等。

按照施药量多少，可分为常量喷药机、低量喷机、微量喷药机等。

按照雾化方式，可以分为液力喷雾机、气力喷雾机、热力喷雾机、离心喷雾机、静电喷雾机等。

目前，在农业生产中最常用的是背负式喷雾喷粉机（动力和人力加压）（图7－1）和拖拉机悬挂的喷杆式喷雾喷粉机（图7－2）。

图 7－1 3WF-18AC 型背负式喷雾喷粉机

图 7－2 拖拉机悬挂的喷杆式喷雾喷粉机

随着垄作保护性耕作技术在世界各国的广泛应用，除草以及病虫害防治成为保护性耕作技术的一个关键内容，越来越多的研究者开始对其研究。

（一）国外喷药机械及其特点

1. SPX3320 型自走式喷药机

图 7－3 为美国 Case 公司生产的 SPX3320 型自走式喷药机，其主要技术参数如表 7－1 所示，该机具配套动力大，作业效率高，性能可靠，能够在玉米生长期进行灭菌防治病虫害以及喷施微肥，但其价格较昂贵。

图 7－3 Case SPX3320 型自走式喷药机

表 7－1 SPX3320 型自走式喷药机的主要技术参数

指标	参数	指标	参数
配套动力（kW）	216	作业幅宽（m）	27.4
驱动	四轮驱动	喷头个数（个）	20
轮距（cm）	305～399	适用除草剂类型	溶剂
拖拉机最大速度（km/h）	48	适用除草方式	喷洒除草剂
贮药水箱最大容积（L）	4 542	泵型号	Centrifugal-hydraulic motor driven by product control system
外形尺寸（mm）	8 500×3 500×4 500	喷头控制	Case IH SCS 4600 or Case IH Viper

2. 5430i 型自走式喷药机和840 型牵引式喷药机

图7－4 和图7－5 分别为美国迪尔公司生产的5430i 型自走式喷药机和840 型牵引式喷药机。这两种机具目前都比较成熟，工作性能稳定，质量可靠，作业效率高，适合大田作业。

图7－4　约翰迪尔5430i 型自走式喷药机

图7－5　John Deere 840 型牵引式喷药机

3. 钉齿式除草修垄机

图7－6 为墨西哥研制的钉齿式除草修垄机，可在下茬作物播种前进行除草作业，该机一次作业可同时完成除草和修垄作业；澳大利亚研制的犁铲式行间除草机主要用于在作物生长前期进行行间中耕除草，机具结构简单，除草效果较好。

（二）国内喷药机械及其特点

目前，国内的喷药机械也基本处于成熟，已经产品化，性能可靠。

1. 3920 系列喷药机

现代农装北方（北京）农业机械有限公司生产的3920 系列喷药机（图7－7）。

图7－6　墨西哥垄作喷药机

图7－7　3920 系列喷药机

(1) 特点

药箱容积大，可减少加水配药次数，作业时间长，效率高；轮距可调，减少损苗结构稳定，平衡性好装高档组合阀，集调压，换向，分段控制，过滤，压力显示为一体，使用方便快捷压力稳定，可靠性高方向式液位显示，清晰明了，能最大限度地提高药剂利用率，减少漏喷、重喷现象的发生，搅拌方式为高压回流搅拌双向配置，确保药液均匀度，使灭虫效果得到有效提高。

(2) 技术参数（表 7－2）

表 7－2　3920 系列喷药机主要技术参数

指标	参数	指标	参数
药液箱材质	玻璃钢	外形尺寸（长×宽×高）（m）	4.5×2.8×2
容积（L）	2 000～3 000	配套动力（hp）	≥65
液泵形式	隔膜泵、转速（r/min）540	推荐作业速度	（km/h）6～10
使用压力（MPa）	0.3～0.5 最大压力（MPa）	拖拉机最小重量（kg）	5 000
喷幅宽度（m）	12～25	轮距可调范围（m）	1.45～1.8（轮距中心）
整机重量（kg）	1 200	拖拉机液压输出接头	最低 2 组喷头原装进口雾化角度为 110°
搅拌方式	高压回流搅拌	地盘离地高度（m）	≥0.4

2. 中型全自动悬挂式喷药机

富锦永兴喷药机械厂生产的中型全自动悬挂式喷药机（图 7－8），悬挂式喷药机有全自动液压升降折叠和人工升降折叠两种喷杆折叠形式。产品药罐容积，喷幅宽窄，不尽相同，用户均可根据地块大小，拖拉机马力大小，自行选配机型。

图 7－8　中型全自动悬挂式喷药机

(1) 特点

药箱容积大，可减少加水配药次数；多种配套水泵灵活搭配；作业时间长，效率高，减少损苗；结构稳定，平衡性好；配装高档组合阀，集调压，换向，分段控制，过滤，压力显示为一体，使用方便快捷；方向式液位显示，清晰明了，能最大限度地提高药剂利用率，减少漏喷、重喷现象的发生；搅拌方式为高压回流搅拌双向配置，确保药液均匀度。

（2）主要技术参数（表7－3）

表7－3　中型全自动悬挂式喷药机主要技术参数

指标	参数	指标	参数
药液箱材质	（玻璃钢）（尼龙）	平衡机构	减震系统
药箱容积（L）	1 200～1 500	搅拌方式	高压回流搅拌
喷幅宽度（m）	10～15	喷头数量（个）	16～24
自动折叠	自动升降		

3. 高架式农业喷雾机

台湾玮洲企业有限公司生产的高架式农业喷雾机（图7－9），该机具能够根据处方图和DGPS定位，调节药量和雾滴大小。例如，当驾驶拖拉机在田间喷施农药时，驾驶室中安装的监视器显示喷药处方图和拖拉机所在的位置。驾驶员监视行走轨迹的同时，数据处理器根据处方图上的喷药量，自动向喷药机下达命令，控制喷洒。

图7－9　高架式农业喷雾机

4. SU-18型背负式喷雾喷粉机（表7－4）

表7－4　SU-18型背负式喷雾喷粉机主要技术参数

指标	参数	指标	参数
药箱容积（L）	18	化油器型式	膜片式
工作范围（m）	9	水泵型号	高压活塞泵
功率（kW）	1.18	净重（kg）	13
工作转速（r/min）	5 000	启动方式	手拉式
配套动力	1E40F（1E为单缸，40为缸径，F为风冷）	包装尺寸（cm）	50×44×66
排量（ml）	26		

特点：本款机器采用高压离心式风机，由发动机曲轴直接驱动风机轴以5 000r/min的速度转动。贮药箱既是贮液箱又是贮粉箱，只需在贮药箱内换

装不同的部件。喷管主要由塑料件组成，不论弥雾和喷粉都用同一主管，在其上换装不同的部件即可。发动机和风机都是通过减震装置固定在机架上，以减少它们在高速转动时产生的震动传给机架。

三、机械除草

垄作保护性耕作与平作保护性耕作相似，由于取消铧式犁，采用免耕，田间杂草相对于传统耕作方式有所增多，除草任务加大，除前边所述使用除草剂进行化学除草外，利用机械或人工除草也不失为一种良好的措施。

美国在实施保护性耕作初期，基本上是化学除草。加拿大的保护性耕作技术实施初期，也是以研究适用除草剂、控制杂草危害为主要任务，经过20多年的努力，一直到20世纪80年代，除草剂价格大幅下降，加之其他技术逐渐成熟，才开始大范围实施。说明除草剂在保护性耕作技术推广实施中作用巨大。

目前，随着国际市场粮食价格的下降、消费者对食品安全的更高要求以及降低粮食生产成本的考虑，国际保护性耕作研究的趋势是研究和应用少用除草剂的措施。其中最有效的就是机械除草。

中国农业大学在多年的保护性耕作研究中，一直注重非化学除草技术的研究，如将秸秆粉碎安排在杂草已长到10cm左右时进行、引进关键部件研制开发出的浅松机在地表处理的同时完成除草等。除草效果良好，既完成了必须进行的秸秆粉碎和地表处理等作业，又少用除草剂减少了药害，还降低了作业成本，一举多得。是中国保护性耕作技术的特色之一。

因此，建议实施保护性耕作技术的地区，重视机械除草作业，减少除草剂的使用量。具体的垄作保护性耕作模式下的机械除草技术请参阅“中耕起垄机”部分。

四、拌种

病虫害是影响农作物正常生长的重要原因。在播种期应用农药处理种子，以最少的农药剂量使种子带毒，具有诱饵杀虫、防菌作用；直接针对靶标，减少了农药与土壤的接触，降低了对生态环境的副作用；不少病虫害的危害程度为苗期大于生长期，因此，结合播种同时进行是防治地下害虫、病菌的有效措施，而且经济、安全、操作简便。正因为如此，拌种已越来越成为农作物生产的重要环节。

（一）农药拌种的选择原则

1. 用药拌种要有针对性

即根据当地病虫害的发生特点、种类、对农药的敏感性等选择农药品种。

2. 要考虑农药的持效性

从作物播种出苗到生长期，病虫危害时间长，杀虫、杀菌的农药效力应尽可能长一些。一般虫害对作物幼苗的危害大，因此，药剂作用的有效期应与播种到苗期的害虫活动危害期相一致，才能取得较好的效果。

3. 用药拌种要有综合性

即在选择拌种用药时，在药剂允许混用的条件下，考虑用综合性药剂，一次用药能兼治多种病、虫，有时也可以增加一些植物生长促进剂。

4. 用药拌种要考虑环境友善性和低残留性

选用拌种农药时，不能对土壤环境、水源环境等造成较大的危害，也不应在生产的粮食产品中残留过多。

（二）几种常用的拌种药剂及使用方法

1. 甲拌磷

用于小麦、高粱害虫的防治，目前，我国北部地区大面积使用的是30%粉粒剂拌种，处理小麦种子，每50kg种子可用30%粉粒剂1～1.5kg（有效成分300～450g）。为使粉粒剂能很好地粘在麦种上，应先用相当于种子量2%～3%的水，将种子喷拌湿润再进行拌种。30%粉粒剂拌种防治小麦丛矮病的传毒昆虫从飞虱、麦蚜，可使小麦丛矮病发病率减退，并可兼治金针虫，防效好。

2. 35%甲基硫环磷

用于小麦拌种，用量为种子量的0.2%，对水50倍液均匀喷洒于麦种上。搅拌均匀后播种，可防治蝼蛄、蛴螬，对控制苗期蚜虫也有较好的效果，持效期可达35天。

3. 甲基异柳磷

用于小麦、玉米或高粱等拌种，防治地下害虫蝼蛄、蛴螬、金针虫等。拌种时用40%甲基异柳磷乳油50ml（有效成分20g），对水50～60kg，拌小麦、玉米或高粱等种子50～60kg。虫口密度特高时可适当提高用药量。拌种方法是先将药加水稀释，然后用喷雾器均匀喷洒于种子上，边喷药边翻动种子，切不可1次将药水倾浇于种子上。待药液被种子全部吸收，摊开晾干后即可播种。保苗效果可达99%以上，有效控制期一般达30～35天。

4. 三唑酮

用于小麦、大麦拌种时按100kg种子拌有效成分30g，可以防治散黑穗病、光腥黑穗病、网腥黑穗病、白秆病及苗期发生的白粉病、锈病、根腐病、云纹病、叶枯病、全蚀病等。

用于玉米拌种时按100kg种子拌有效成分80g，可以防治玉米丝黑穗病。

用于高粱拌种时按100kg种子拌有效成分40～60g，可防治高粱丝黑穗病、散黑穗病和坚黑穗病。

用于谷子拌种时按种子量的0.03%防治纹枯病。

必须注意：采用湿拌方法或乳油拌种时，拌匀后立即晾干，以免发生药害。

5. 甲霜灵

用于谷子拌种时，100kg谷子用35%拌种剂200～300g（有效成分70～105g），干拌或湿拌均可。湿拌时先将100kg种子用500ml水湿润种皮，然后加药拌匀，即可播种。可防治谷子白发病。

用于大豆拌种时按100kg大豆种子用35%拌种剂300g（有效成分105g），干拌。拌种后播种。可防治大豆霜霉病。

6. 多菌灵

用多菌灵有效成分100g，加水4kg，均匀喷洒100kg麦种，再堆闷6h后播种。也可用多菌灵有效成分156g，加水156kg搅匀，浸麦种100kg，浸种时间为36～48h，然后捞出播种，药液可连续使用。可防治麦类黑穗病。

用50%多菌灵0.7%拌谷种，可防治谷子白发病。

7. 代森铵

谷子、玉米、麦类用0.3%拌种，防治黑穗病。

8. 对硫磷（1605）

用46.6%对硫磷乳油拌种时，剂量分别为：麦类0.1%；玉米、谷、黍、高粱0.25%。

9. 粉锈宁

用粉锈宁0.03%有效剂量干拌麦种，防治小麦锈病、白粉病、腥黑穗病、散黑穗病、白秆病等。

10. 大豆种衣剂

用30%大豆种衣剂26号（SCF26）按1：75进行种子包衣处理，可防治多种病虫害。

其他拌种剂的适用范围及用法、用量可根据各地市场上销售的拌种剂说明或植保专业技术人员的建议执行。

（三）药剂拌种的注意事项

①根据当地病虫害的发生特点、规律等选择适用药剂。为此，建议各地农机部门加强与植保部门的合作，定期观测害虫、病菌的发展变化，使用更有效的药剂进行拌种。

②充分考虑农药残留。尽量不选用残留大、对土壤和环境危害大的药剂品种。目前，欧洲已开始以法律的形式禁用以前常用的30种农药。我国也有不少药剂属于禁用品，不管是拌种，还是喷药地上防治病虫害，均不应再使用已禁用的药剂。

③拌种药剂均有毒性，有的还是剧毒品，可以通过接触或呼吸使人中毒。因此，在拌种时一般不可用手接触药剂或拌过的种子；在播种时也尽量不要用手接触拌过的种子。

④拌好的种子要按规定进行堆闷或摊开晾晒，以保证药剂和种子的结合；拌过的种子应及时播种，以防药效挥发和污染环境。

⑤拌过药的种子如未用完，必须及时处理（深埋或烧毁），以防家禽误食造成中毒。

⑥应根据种子量确定拌种剂的购买量，不要多买。以防失效或造成浪费以及由于保管不当出现人畜中毒事故。

⑦不少地方的老百姓仍有各用各种的习惯，播种后种箱中的剩余种子一般会清空拿回家中。这种方式除严重影响播种作业效率外，也给实行拌种带来一定的困难。因为，未用完的拌过药的种子毁掉会造成浪费。因此，建议有条件的地区实行统一播种，可减少播种后剩余种子的浪费。

⑧拌过药剂的种子会胀大，尤其是湿拌法和浸种拌种法，这样，条播机排种器的排种量会减少，为保证足够的播量，必须用拌过药的种子调整播量，同时必须将药剂和水的用量考虑进去。

五、田间管理

田间管理实际包括多个田间作业项目，主要是指大田生产中，作物从播种到收获的整个栽培过程所进行的各种管理措施的总称。即为作物的生长发育创造良好条件的劳动过程。如镇压、间苗、中耕除草、培土、压蔓、整枝、追肥、灌溉排水、防霜防冻、防治病虫等。田间管理必须根据各地自然条件和作物生长发育的特征，采取针对性措施，才能收到事半功倍的效果。

重视田间管理是我国农业生产精耕细作的优良传统。在保护性耕作技术实施中，仍然应当保持并发扬田间管理的精髓，根据不同作物及其不同生育期的特点选择相应的田间管理作业内容，并应结合保护性耕作的技术特点，做好田间管理工作。

（一）查苗、补苗、间苗、定苗

保护性耕作地的播种作业是在免（少）耕、地表平整度差、有大量秸秆残茬覆盖的条件下进行，而目前的免耕播种机的性能还不够完善，导致播种质量比传统翻耕或旋耕地差。但是，保护性耕作可以提高土壤水分，改善土壤肥力，促进作物生长，因此，作物出苗后由于水肥条件好，必然会赶上并超过传统地的作物长势。

由于保护性耕作播种质量的影响，出现缺苗断垄的几率相对多一些。但随着免耕播种机性能的不断完善、驾驶员操作水平的不断提高及其对免耕播种技术掌握程度的不断加深，出现缺苗断垄的现象必然会不断减少。因此，在作物出苗后，应及时进行查苗、补苗等工作。如发现缺苗断垄严重，应进行补种（必要时可采用催芽补种、移栽等措施），以保证产量水平所需的亩苗数。

间苗、定苗量的确定是根据当地的水肥条件和产量水平进行，一般先确定亩保苗数，再根据亩保苗数确定苗间距，然后根据苗间距进行间苗、定苗作业。具体时间根据最佳间、定苗时期进行，玉米的间、定苗时期一般为4～5叶期。

苗间距按下式计算：

$$\text{间距（m）}=\frac{667}{\text{亩保苗数}\times\text{垄距（m）}}$$

如某地玉米要求的亩保苗数为4 000株/亩，行距为0.6m，代入上式计算得苗间距为27.8cm，即间苗时应间隔27.8～28cm，保证亩保苗数达到4 000株。

我国劳动人民在长期的生产实践中总结出不少的好经验，如定苗时采取的“四去四留”原则就是一例，“四去四留”原则的具体内容为去弱苗、留壮苗；去大、小苗，留齐苗；去病苗，留壮苗；去混杂苗，留苗势一致的苗。根据这一原则定苗的株距不一定是等距离。可通过控制1m长度内留苗株数来达到这一目的。如上述例子中的玉米定苗，可通过1m内留3.6棵苗保证留苗数，不需要完全的等距离。

（二）除草

一般通过播种前的地表处理、播前或播后喷施除草剂均可以较好地控制苗期杂草，若在查苗时发现杂草仍然较多，对有间、定苗要求的可结合间、定苗人工除草一次；对无间、定苗作业的，可以采用主要杂草长到防除标准时，选择适合的除草剂除草即可，也可以人工除草。但需注意的是，保护性耕作地由于地表有大量的秸秆覆盖，人工用锄头除草比传统地困难。

在东北垄作区，传统作业玉米一般需要中耕追肥，可以在中耕追肥时，结合培土进行除草。实际上，目前有些地方已不再进行中耕培土作业，在春季播种时，施肥量大，一般选用长效肥，一次施肥便能满足玉米整个生长期的肥料需要，同时，由于保护性耕作地的秸秆覆盖量大时，有效抑制杂草生长的功效，故也不需要进行苗期后的除草。

玉米长到封垄后，均不再进行除草。

（三）病虫害防治与植物生长调节

一般观点认为，保护性耕作条件下，由于取消了翻耕（翻耕有一定的灭虫、灭菌作用）和采用秸秆覆盖（有可能成为病菌和害虫寄生地）等，病虫害相对严重一些。但中国农业大学在山西十多年的试验研究，并未发现保护性耕作地的病虫害比传统地严重的现象。尽管如此，由于传统耕作中本身就有不少的病虫危害作物正常生长，因此，各地应加强田间观测预报，发现病虫害后适时防治，以保证粮食高产、稳产。

一般东北垄作区玉米主要病害有大斑病、小斑病、褐斑病、纹枯病、黑粉病等，虫害主要有玉米螟、玉米蚜虫等。

病虫害在不同的地区有不同的发生特点，因此，各地应根据不同的发生特点采用不同的处理方法。一般常用的病虫害防治措施有以下 4 种。

①选择抗病品种。

②种子处理，包括晒种、清种、拌种和种子包衣等。

③喷药。

④及时清除病残体及其他传播介体如杂草等。

喷药处理一般是在田间观测预报后，发现病虫害已达到防治标准时进行。部分常见病虫害的喷药防治见前。

目前，市面上有不少用于调节植物生长的农药，对植物生长有促根、促分蘖、促矮壮、抗倒伏、增加百粒重、催熟和增产等作用。在喷药防治病虫害时，可一并加入相应的植物生长调节剂，有利于植物的正常生长和增产。

第三篇

垄作保护性耕作的土壤理化、作物产量以及经济效益

垄作保护性耕作是以保持水、土、肥资源和生态平衡为中心，地表保持适度秸秆覆盖，尽量减少动土量和垄台破坏，能保证作物正常生长的耕作法。保护性耕作最大的优点是增加土壤蓄水量，提高土壤水分利用效率，能防止风蚀、水蚀，所以，在东北垄作地区得到农业推广部门以及农民的重视。为了研究我国东北垄作区保护性耕作促进作物生长，增加产量，改善土壤结构，提高经济效益与产量等效果，选取了具有代表性的辽宁省苏家屯地区、黑龙江省兰西县、吉林省的梨树县作为试验点进行垄作保护性耕作模式对比试验研究，自2006年起，开始系统地进行垄作保护性耕作的试验研究。

第八章　辽宁垄作保护性耕作试验研究

一、苏家屯试验区基本情况

苏家屯区位于松辽平原西部农业生态区，地处辽河平原的中心地带，在东经123°06′～123°47′，北纬41°27′～40°43′，南北长29.1km，东西宽57.7km，总面积776km²。属于温带季风型大陆性气候（图8－1），冬季寒冷干燥，多北风和西北风，夏季高温多雨，多南风和西南风，冬夏季节温差较大。年平均气温为8.5℃，最热月为7月，平均气温为8.0℃，最冷月为1月，平均气温为－12.8℃。年平均降水量685mm左右，季节分配不均，6～8月占全年降水的50%以上。≥10℃的积温为3 300～3 400℃，年蒸发量2 048mm，年日照时数2 372.5h，年总辐射量504～567kJ/cm²；平均冻土深度120cm，无霜期147～164天。具有日照时间长，太阳辐射强，昼夜温差大，降雨稀少，蒸发强烈，光热资源丰富，适宜多种作物生长等特点。主要种植玉米和水稻。

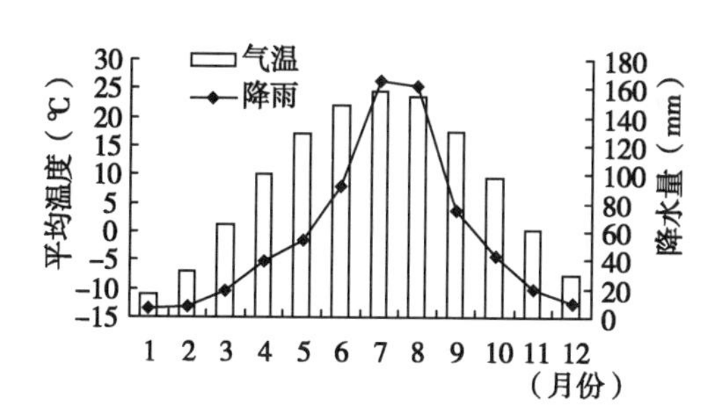

图8－1　近十年苏家屯区的气温和降雨情况

垄作保护性耕作试验区位于苏家屯区林盛堡镇长兴甸村，试验地土壤类型为褐土。该地区长期采用传统垄作方式种植玉米，种植面积大，土壤退化严重，产量不稳定，在辽宁玉米垄作区具有代表性。于2006年4月份建立了垄作保护性耕作试验田。一年种植一季春玉米。春玉米在每年 4 月播种，6 月份进行中耕追肥，10 月初进行收获。

二、试验设计

苏家屯区垄作保护性耕作试验区设置了 4 种处理（图 8－2）：传统垄作模式（TL）、碎秆覆盖垄作少免耕模式（SCNL）、整秆覆盖垄作少免耕模式（ZCNL）和高留茬覆盖垄作少免耕模式（GCNL）。试验田玉米的播种行距均为 600mm。

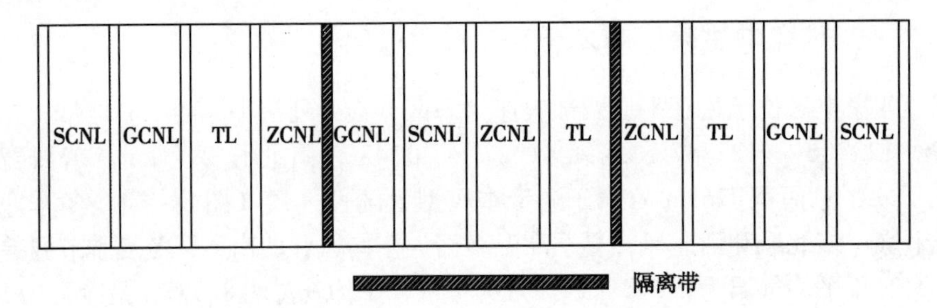

图 8－2　苏家屯区保护性耕作试验田处理布置

传统垄作（TL）：传统垄作生产作业工序如表 8－1 所示，在秋季玉米收获后，首先人工将地表秸秆移走，地表留茬高度在 8cm 左右，春季播种前使用旋耕机旋耕整地起垄，然后在 4 月底使用普通玉米播种机田间施肥播种，玉米出苗后，人工间苗除草，6 月中旬进行中耕追肥起垄。播种前地表如图 8－3 所示。

表 8－1　不同耕作体系玉米生产作业工序

月份	处理模式			
	传统垄作	碎秆覆盖	高留茬覆盖	整秆覆盖
10 月至翌年 3 月	休闲	休闲	休闲	休闲
4 月中旬	旋耕灭茬整地起垄	休闲	休闲	休闲
4 月底	播种	直接免耕播种	直接免耕播种	直接免耕播种
6 月上旬	追肥起垄	追肥修垄	追肥修垄	追肥修垄
7～10 月	玉米生育期	玉米生育期	玉米生育期	玉米生育期
10 月上旬	玉米人工收获，留茬高度 8cm 左右	玉米联合机收获后秸秆全部粉碎铺在地表	玉米人工收获后，地表留茬高度 25cm 左右	玉米人工收获后，立秆留在地里

碎秆覆盖垄作少免耕（SCNL）：碎秆覆盖垄作保护性耕作生产作业工序如表 8－1 所示。秋季使用玉米联合收获机进行收获，在收获的同时依靠收获机配带的秸秆粉碎机将秸秆均匀抛撒在地表，然后在春季播种时使用玉米垄作免耕播种机直接免耕播种，玉米出苗后人工间苗、除草，6 月中旬进行中耕追肥修垄。播种前地表如图 8－4 所示。

高留茬垄作少免耕（GCNL）：高留茬垄作保护性耕作生产作业工序如表 8－1 所示。秋季玉米收获时，人工将玉米穗摘走，然后将玉米秸秆的上半部分移走，地表留茬高度 25cm 左右，作为地表覆盖物。春季播种时，使用玉米垄作免耕播种机直接播种，玉米出苗后人工间苗、除草，6 月中旬进行中耕追肥修垄。播种前地表如图 8－5 所示。

整秆覆盖垄作少免耕（ZCNL）：整秆覆盖垄作保护性耕作生产作业工序如表 8－1 所示，秋季玉米收获时，人工将玉米穗摘走，然后将玉米整秆直立留在地里作为覆盖物，春季播种时，首先将玉米立秆压倒，再使用玉米垄作免耕播种机免耕播种，玉米出苗后人工间苗除草，6 月中旬进行中耕追肥修垄。播种前地表如图 8－6 所示。

图 8－3　传统垄作播种前地表

图 8－4　碎秆覆盖垄作播前地表

三、试验内容

（一）环境效益

①不同耕作体系垄沟和垄台不同深度土层土壤紧实度的测定。

②不同耕作体系垄台土壤的水稳性团聚体测定。

③不同耕作体系垄台土壤的孔隙度测定。

④不同耕作体系作物生长不同阶段不同深度地温的测定。

⑤不同耕作体系不同深度土壤养分变化趋势的测定。

图 8-5 高留茬覆盖垄作播前地表

图 8-6 整秆覆盖垄作播前地表

⑥不同耕作体系垄沟和垄台不同深度的土壤水分特性的测定。

（二）经济效益

①不同耕作体系下作物各关键期植株性状的测定：株高、茎粗、干物质重、叶面积、根干重等。

②不同耕作体系作物产量的对比。

③不同耕作体系投入与产出的对比分析。

四、田间测试项目、方法和仪器

（一）土壤容重

测定时间：玉米收获后，通过人工打剖面的方法，使用环刀（高 5cm，直径 5cm）分别取 0～5cm，5～10cm，10～20cm，20～30cm 的土样。然后在 105～110℃条件下烘干至恒重，测定土壤容重。

测试仪器：环刀、橡胶锤、直尺、铝盒、烘箱、天平、小铲等。

（二）土壤紧实度

测定时间：玉米收获后，0～40cm 土层深度的土壤紧实度采用 cone index 土壤紧实度仪 SC-900 直接测得（图 8-7），其测量范围 0～7 000kPa，精度为 2.5cm，35kPa。测量时，每隔 2.5cm 自动记录的土壤紧实度数据，测量完后，直接打印出测量数据。每个试验区按照“之”字形测量 12 个点。

（三）土壤孔径分布

各级孔径分布根据毛管上升公式（8-1），利用水分特征曲线中基质势 h 与含水量 θ（cm^3/cm^3）的关系计算，当水分分布达到平衡后，充满水的最大空隙的等效孔径 D 可以用下面的公式表示：

$$D = \frac{4\sigma\cos\varphi}{\rho g h} \qquad (8-1)$$

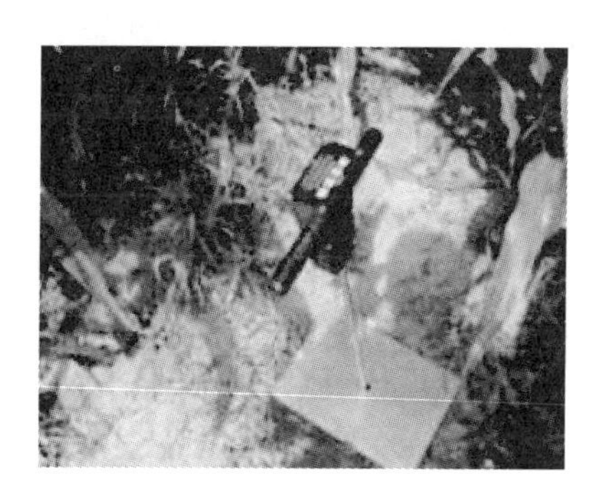

图 8－7　Cone index 土壤紧实度仪

式中：D—空隙当量直径，μm；

σ—水的表面张力，N/m；

φ—水分子与固体颗粒的接触角；

g—重力加速度，m/s^2；

ρ—水的密度，g/cm^3。

在 22℃时 σ 为 0.07357N/m，$\varphi=0$ 时，公式（8－1）可以简化为下面的形式：

$$D=\frac{300}{h} \tag{8-2}$$

在本文的研究中依据土壤水分特征曲线把土壤的当量孔径分为以下几个级别：① $D>60\mu m$；② $D=0.2\sim60\mu m$；③ $D<0.2\mu m$，这些孔径直径相对应的负压分别是，－5kPa、－1 500kPa。定义孔径 $D>60\mu m$ 范围内的孔隙为导水孔隙，0.2～60μm 的孔隙定义为储水孔隙，$D<0.2\mu m$ 的为无效孔隙。

（四）土壤饱和导水率

采用体积为 $120cm^3$（高 4cm，直径 6cm）环刀，分别在 0～10cm，10～20cm 和 20～30cm 三个土层采集原状土样，3 次重复。采用定水头法测定。

（五）土壤水分特征曲线

采用体积为 $39.3cm^3$（高 2cm，直径 5cm）环刀，分别在 0～15cm 和 15～30cm 两个土层采集原状土样，3 次重复。采用 SCR20 型高速离心机进行试验。将饱和后的土样在不同转速下离心 90～120min，使水分达到平衡后称重，计算不同吸力下的土壤体积含水量。

（六）土壤温度

测定时间：玉米的出苗期，拔节期，灌浆期，乳熟期。

测定方法：采用曲管式地温计（图 8－8）测定地表以下 5cm、15cm 和 25cm 深度土层地温，每天的观测时间为 8:00、14:00 和 20:00，不同土层深度的日平均地温（T）根据 $T=\frac{2T_{8}+T_{14}+T_{20}}{4}$（式中 T_{8}、T_{14} 和 T_{20} 分别为 8:00、14:00 和 20:00 的地温）计算。

（七）土壤含水量

测定时间：春玉米的出苗期，拔节期，灌浆期，乳熟期。

测试方法：每次在每个试验小区用 120cm 土钻按照“之”形随机取 3 个点，每点测量深度为 100 cm，分别取 0～10cm，10～20cm，20～30cm，30～40 cm，40～60cm，60～100cm 六个土层的土样，然后将土样放入体积为 100cm^{3} 的铝盒立即盖好盖，称重后打开盖置于烘箱内，在 105～110℃条件下烘干至恒重，测定土壤质量含水量 θ_{m} 和土壤容重 ρ_{b}，根据 $\theta_{v}=\rho_{b}\theta_{m}$（式中：$\theta_{v}$ 是体积含水量）换算为体积含水量。

测试仪器：电锤，土钻，铝盒，烘箱，天平，小铲等。

（八）叶面积

测定时间：3 叶期，6 叶期，拔节期，大喇叭口期，抽雄期，开花吐丝期，乳熟期。

测定方法：采用 LI-600 叶面积仪直接测定（图 8－9），在每个小区选取具有代表性的 20 棵玉米作为测定样本，做上标记，每次测量时，均测量选定的植株样本。

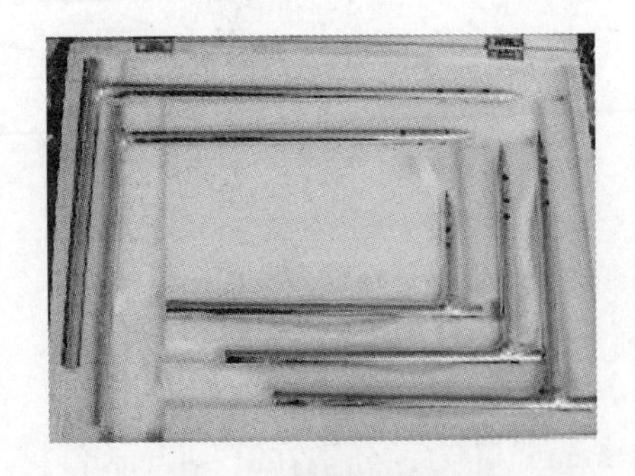

图 8－8 曲管式地温计

图 8－9 叶面积指数测试

（九）植株干重

测定时间：拔节期，乳熟期。

测定方法：选取整个植株的地上部分，置于烘箱中 105℃杀青 2h，70℃

烘干至恒重。分别在每个小区选取具有代表性的 10 棵玉米植株进行测量。

（十）根干重

测定时间：拔节期，乳熟期。

测定方法：直接测定单株玉米的根系，实测空间范围为 40cm × 40cm × 50cm，洗净后置于烘箱中 105℃ 杀青 2h，70℃ 烘干至恒重得到单株夏玉米根干重。

（十一）产量

测定时间：收获期。

测定方法：每种处理模式按照之字形随机选取 5 个点，将每个点上所在的玉米行上 6m 范围内的玉米全部取回，进行考种：亩穗数、穗长、穗粗、穗行数、行粒数、百粒重等。

（十二）气象

试验田气象要素（降雨、天气温度、风速等）来自于苏家屯气象站。

（十三）播种机具

试验田播种所使用的播种机是驱动圆盘玉米垄作免耕播种机（图 8－10），该机具适用于玉米垄作秸秆覆盖地（碎秆覆盖、高留茬覆盖、整秆覆盖）的少免耕垄上播种作业，机具的播种行距为 600mm（可调）。机具一次进地作业可以完成垄上破茬防堵、开沟、施肥、播种、覆土、镇压等多道工序。

图 8－10　驱动圆盘玉米垄作免耕播种机

五、土壤物理特性

土壤物理是研究土壤中物理现象和过程的土壤学分支，主要包括土壤力学性质、土壤结构、土壤水分、土壤温度等。而土壤化学是研究土壤化学组成、性质及其土壤化学反应过程的分支学科。重点研究土壤胶体的组成、性质，及土壤固液界发生的系列化学反应。为开展土壤培肥、土壤管理、土壤环境保护提供理论依据。

东北垄作区是我国重要的玉米生产基地，农业生产中由于普遍存在翻耕或旋耕作业，造成土壤结构破坏严重、耕层变浅、环境破坏，以及生产成本高和经济效益差等问题。本章综合对比研究了东北辽宁苏家屯区不同垄作少免耕模式在改良土壤物理和化学特性等方面的效果，为东北垄作区推广保护性耕作技术提供了依据。

（一）对土壤紧实度的影响

由于土壤是土粒的集合体，所以土粒与土粒之间的结合力、凝聚力、土粒垒结状态等的综合作用使土壤具有某种“硬度”，这种硬度称为土壤紧实度，土壤紧实度是土壤重要的物理性状之一。土壤被压实后，将导致土壤紧实度增加，这是土壤压实最直观的表现。同时，土壤压实使植物根系生长发育受阻，进而影响植株地上部分生长和作物产量，因此，土壤紧实度是土壤压实程度的一个参量。

1. 垄台的土壤紧实度

图 8 - 11 为 2007 年 10 月份玉米收获以后，4 种不同耕作体系在 0 ~ 40cm 土层的土壤紧实度情况。从图中可以看出，建立试验田 1 年后传统垄作与垄作少免耕模式之间在部分深度存在着比较明显的差异，而 3 种垄作少免耕模式之间没有明显的差异。在 0 ~ 2. 5cm 土层，3 种垄作少免耕模式的土壤紧实度均低于传统垄作，降低了 22. 37% ~ 39. 78%。随着土层深度的变化，垄作少免耕模式的土壤紧实度上升较快，在 7. 5 ~ 10cm 土层，垄作少免耕模式的土壤紧实度达到最高，与传统垄作模式相比，垄作少免耕模式土壤紧实度高了 13. 97% ~ 25. 88%。在 12. 5cm 土层以下，4 种垄作模式之间垄台的土壤紧实度差异开始减小。在 25 ~ 30cm 土层，传统垄作的土壤紧实度最高，但四者之间没有显著性差异。在 30 ~ 40cm 土层内，4 种垄作处理模式之间的土壤紧实度出现了无序状态。从 0 ~ 40cm 整个土层来看，4 种垄作处理模式的平均土壤紧实度大小存在差异，传统垄作、碎秆覆盖垄作、高留茬覆盖垄作以及整秆覆盖垄作 4 种处理模式的平均土壤紧实度分别为 1 174. 94kPa、1 129. 41kPa、1 166. 88kPa 和 1 112. 35kPa，其中，传统垄作模式的土壤紧实度最高，3 种垄作少免耕模式比其降低了 0. 68% ~ 5. 33%。

图 8 - 12 为 2008 年 10 月玉米收获以后不同耕作体系垄台的土壤紧实度。由图可知，不同耕作体系的土壤坚实度趋势与 2007 年基本相似，土壤紧实度随着土壤深度的增加逐渐增大。在垄台表面，传统垄作模式的土壤紧实度仍然高于 3 种垄作少免耕模式，分别比碎秆覆盖、高留茬覆盖、整秆覆盖 3 种模式高了 4. 60%、19. 34% 和 26. 83%。但是，随着土层深度的增加，垄作少免耕模式的土壤紧实度上升较快。在 7. 5 ~ 17. 5cm 土层深度范围内，垄作少免耕模式的土壤紧实度高于传统垄作模式，与传统垄作相比，碎秆覆

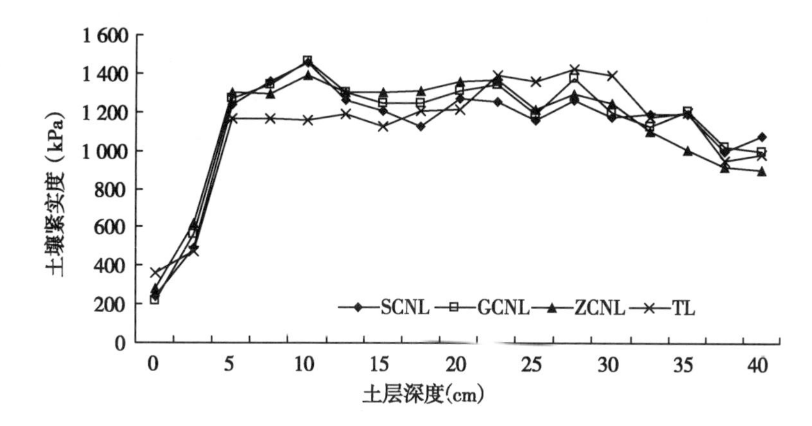

图 8－11　2007 年 10 月玉米收获后不同耕作体系垄台的土壤紧实度

盖、高留茬覆盖、整秆覆盖 3 种垄作少免耕模式的土壤紧实度提高了 15.39% ~28.37%。与 2007 年同土层相比，垄作少免耕模式的土壤紧实度略有上升。在 0 ~40cm 土层，传统垄作、碎秆覆盖、高留茬覆盖以及整秆覆盖 4 种垄作处理模式的平均土壤紧实度分别为 1 160kPa、1 126kPa、1 137 kPa 和 1 085kPa，与传统垄作模式相比，3 种垄作少免耕模式的土壤紧实度降低了 1.9% ~6.47%。

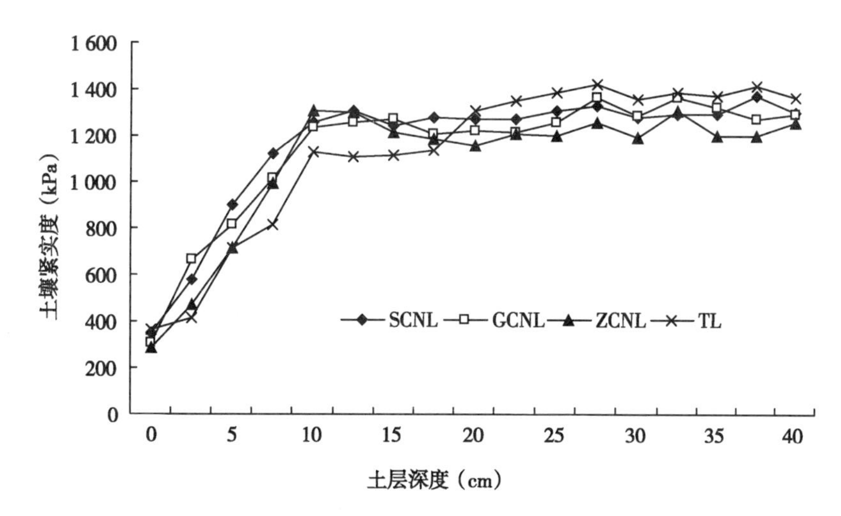

图 8－12　2008 年 10 月玉米收获后不同耕作体系垄台土壤紧实度

综上所述，在垄台表面，传统垄作模式土壤紧实度比较高，这是由于在夏秋季节试验区经常发生降雨，传统垄作地表没有秸秆覆盖，强降雨使传统垄作模式的地表出现结皮，导致其表层土壤的紧实度升高。而垄作少免耕模式地表具有秸秆根茬覆盖，特别是碎秆覆盖和整秆覆盖两种垄作少免耕模式的地表具有较多秸秆覆盖，缓解了降雨对地表的冲击，降低了地表土壤紧实度。而在7.5~17.5cm土层传统垄作模式略低于3种垄作少免耕模式，这是由于传统垄作模式的垄台是在6月份玉米中耕期形成的，垄台在此土层段土壤比较疏松，因此土壤紧实度较低。而3种垄作少免耕模式采用原垄免耕播种，在中耕期将垄沟内少量土壤修复到了垄台上，免耕播种开沟动土深度一般为7~10cm，作业过程中，开沟器对10cm以下土壤产生了一定压实，这均会导致垄作少免耕模式下7.5~17.5cm土层的土壤紧实度升高。

2. 垄沟的土壤紧实度

在2007年10月玉米收获后，对不同耕作体系垄沟的土壤紧实度进行了测试，如图8-13所示。测试结果显示，在0~40cm土层内，3种垄作少免耕模式垄沟内的土壤紧实度均高于传统垄作模式，传统垄作、碎秆覆盖、高留茬覆盖以及整秆覆盖4种处理模式的平均土壤紧实度分别为1 166.88kPa、1 389.71kPa、1 281.59kPa和1 216.12kPa。传统垄作模式垄沟内的土壤紧实度最低，其余3种垄作少免耕模式与之相比高了4.22%~19.1%。从图中还可以看出，在整个土层内，碎秆覆盖模式垄沟内的土壤紧实度始终高于其他3种垄作模式。

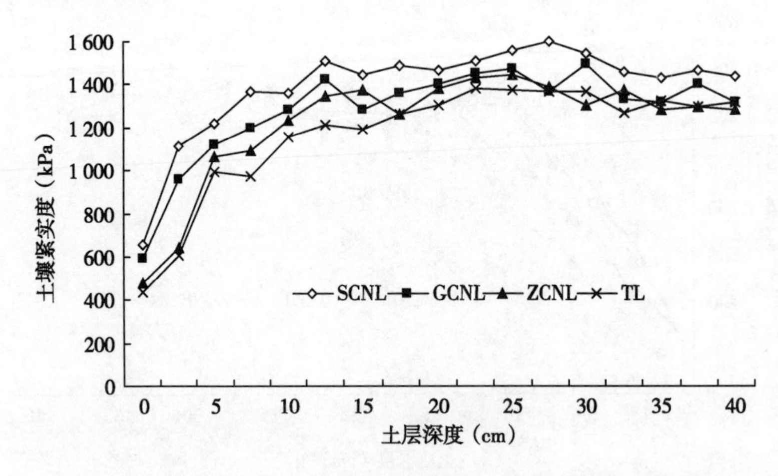

图8-13 2007年10月玉米收获后不同耕作体系垄沟内土壤紧实度

2008年玉米收获以后，同样对试验区不同处理模式下垄沟的土壤紧实度进行了测试，结果如图8-14所示。从图中可以看出，2008年4种垄作模式垄沟的土壤紧实度的差异和趋势与 2007 年基本相似。从总体上看，2008 年垄沟的土壤紧实度与 2007 年同土层相比有所增大，特别是垄作少免耕地块垄沟的土壤紧实度上升幅度尤为明显。在 0 ~ 40cm 土层内，传统垄作、碎秆覆盖、高留茬覆盖以及整秆覆盖 4 种处理模式的平均土壤紧实度分别为 1 170. 41kPa、1 404. 13kPa、1 311. 65kP 和 1 280. 07kPa，碎秆覆盖、高留茬覆盖以及整秆覆盖 3 种垄作少免耕处理模式平均土壤紧实度分别比传统垄作高了 19. 97%、12. 07% 和 9. 37%，其中，碎秆覆盖垄作模式的土壤紧实度最高。另外，从图中可以看出，在 0 ~ 40cm 每个土层内，碎秆覆盖垄作模式垄沟内的土壤紧实度均高于其他 3 种垄作模式。

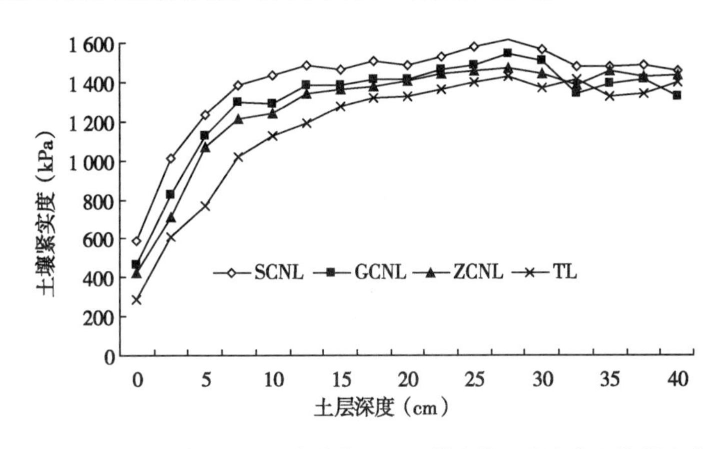

图 8 - 14　2008 年 10 月玉米收获后不同耕作体系垄沟内土壤紧实度

垄沟内的土壤紧实度对比结果显示，在 4 种垄作处理模式之中，碎秆覆盖垄作模式的土壤紧实度最高，传统垄作模式最低。原因分析：碎秆覆盖垄作模式与其他两种垄作少免耕模式相比，秋季玉米收获时，使用玉米联合收获和秸秆粉碎机作业，增加了对垄沟的土壤压实。另外，垄作少免耕模式垄沟内动土量少，这使垄沟内产生长期的累积压实，导致了其土壤紧实度上升。而对于传统垄作模式，虽然作业工序相对较多，但春季旋耕作业同时也疏松了土壤，使其土壤紧实度下降。

在垄作模式下，垄台是作物的生长带，合适的土壤紧实度有利于作物的生长。而垄沟是机具的行走带，其土壤紧实度的高低对整个地块土壤水分分布以及机具作业性能均有较大的影响。

（二）水稳性团聚体

土壤质地和团聚体的数量是反映土壤结构和土壤侵蚀状况的重要指标。

表8－2是0～20cm土层4种不同垄作处理模式对土壤团粒结构的影响情况。

表8－2　不同垄作处理模式对垄台上0～20cm土层的团粒结构的影响对比

（单位：%）

土层深度	处理	土壤颗粒粒径分布			
		>2mm	2～1mm	1～0.25mm	<0.25mm
0～20cm	TL	18.2[a]	23.7[a]	13.6[a]	44.5[a]
	SCNL	19.5[a]	25.4[a]	14.4[a]	40.7[a]
	GCNL	19.2[a]	24.9[a]	13.0[a]	42.9[a]
	ZCNL	20.6[a]	25.1[a]	14.0[a]	40.3[a]

经过三年的试验，4种不同垄作处理模式的水稳性团聚体所占的比例略有差异，3种垄作少免耕地块的水稳性团聚体（>0.25mm）所占的比例均略高于传统垄作模式，而传统垄作模式的微团粒（<0.25mm）在4种垄作处理模式中所占的比例是最多的。在0～20cm土层内，碎秆覆盖、高留茬覆盖和整秆覆盖3种垄作少免耕模式的水稳性团聚体（>0.25mm）所占的比例分别是59.3%、57.1%和59.7%，而传统垄作仅占55.5%。这个测试结果与Tisdall和Oades和Peixoto等的研究结果是相似的。

垄作少免耕模式的秸秆覆盖减弱了降雨对土壤的冲击，保护了土壤，并且免少耕模式促进了土壤中微生物的活动，减弱了团粒结构的破坏。而传统垄作模式较少的秸秆覆盖以及春季旋耕机的旋耕对土壤团粒结构破坏严重，均会导致水稳性团聚体比例降低，微团粒比例增加。

（三）土壤孔隙度和孔径分布特点

土壤孔隙是土壤水分和空气的贮存场所，其数量和质量在农业生产中具有重要的意义。土壤由于颗粒组成、结构和有机质含量等不同，土壤孔隙的形状、大小、数量也不同。土壤孔隙度直接影响土壤的通气性，是土壤主要物理特性之一。对一般作物来说，最适宜生长发育的孔隙度在$50cm^3/100cm^3$左右或稍大，这样土壤就有足够的空间容纳水分和空气，以利于作物生长。

传统垄作、碎秆覆盖、高留茬覆盖和整秆覆盖4种不同处理模式连续实施三年后，在0～10cm、10～20cm和20～40cm土层土壤孔隙度测试结果如表8－3所示。结果显示，不同垄作处理模式对垄台和垄沟的表层土壤孔隙度产生了一定的影响，并且显示出变化趋势：在垄台0～40cm土层深度范围内，垄作少免耕模式增加了土壤总孔隙度，相对于传统垄作处理模式，碎秆覆盖垄作模式增加了3.19%，高留茬覆盖模式增加了2.52%，而整秆覆盖模式增加了1.85%。

表8-3 不同耕作处理模式下土壤总孔隙度比较

（单位：$cm^3/100cm^3$）

位置	土层深度	总孔隙度			
		TL	SCNL	GCNL	ZCNL
垄台	0~10cm	41.2	42.6	42.9	41.8
	10~20cm	39.1	41.7	40.2	40.9
	20~40cm	38.9	38.7	39.1	38.7
垄沟	0~10cm	40.7	39.4	39.8	40.1
	10~20cm	37.8	35.4	36.5	37.3
	20~40cm	33.5	32.8	33.1	33.6

根据土壤孔径的大小，可将土壤孔隙分为通气孔隙或导水孔隙（Aeration porosity，>60μm）、毛管孔隙或贮水孔隙（Capillary porosity，0.2~60μm）和微孔隙或无效孔隙（Micro-porosiy，<0.2μm）。不同孔径的孔隙所占的比例反映了土壤导水贮水的能力，不同耕作措施下垄台与垄沟各土层孔径分布的影响不同。

1. 垄台上孔径分布

垄台上的导水孔隙度如图8-15所示，在0~10cm土层，由于传统垄作播种前进行旋耕以及中耕起垄破坏了土壤结构，使其导水孔隙度下降，导水性能变差，但4种处理模式之间差异不明显。随着土层深度的加深，垄作少免耕模式的导水孔隙所占的比例越来越大，与传统垄作模式相比较，在10~20cm和20~30cm土层，3种垄作少免耕模式的土壤的导水孔隙提高了4.28%~11.76%。

垄台上的贮水孔隙如图8-16所示，碎秆覆盖、高留茬覆盖和整秆覆盖3种垄作少免耕处理模式的土壤贮水孔隙在0~10cm、10~20cm和20~40cm土层均高于传统垄作模式。其中，在0~10cm土层，3种垄作少免耕处理模式的贮水孔隙所占的比例比传统垄作模式提高了8.74%~13.59%，在10~20cm和20~30cm土层，3种垄作少免耕处理模式的贮水孔隙比例分别提高了5.58%~12.09%和1.36%~2.71%。

垄台上的无效孔隙分布如图8-17所示，由于传统垄作在春季播种前过度的旋耕整地以及玉米中耕期的翻土作业，破坏了土壤结构，增加了传统垄

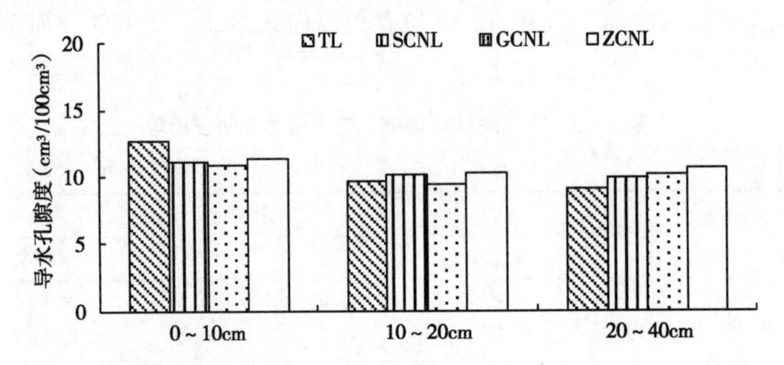

图8-15　不同垄作处理模式下垄台上的导水孔隙（>60μm）分布情况

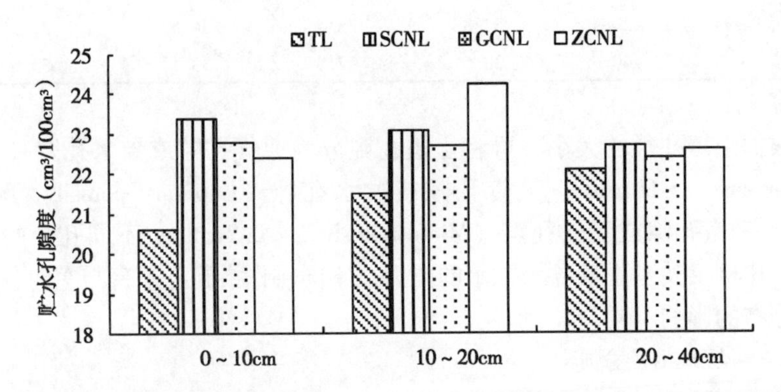

图8-16　不同垄作处理模式下垄台上的贮水孔隙（0.2~60μm）分布情况

作模式下土壤的无效孔隙比例。碎秆覆盖垄作、高留茬覆盖垄作和整秆覆盖垄作处理下0~40cm土层的无效孔隙比传统垄作模式低2.84%~18.69%。

2. 垄沟内孔径分布

由于4种处理模式的作业工序、机具作业次数不同，造成了机具对垄沟的土壤压实不同，而土壤压实又会影响土壤孔隙度分布，因此，不同处理模式垄沟内的土壤孔隙度存在差异。

垄沟内导水孔隙如图8-18所示。在4种垄作处理模式之中，整秆覆盖和高留茬覆盖两种垄作模式下垄沟内的导水孔隙所占的比例相对较高，而传统垄作和碎秆覆盖垄作两种垄作模式所占的比例相对较低。在0~10cm土层内，碎秆覆盖垄作模式的导水孔隙所占比例最低，传统垄作的导水孔隙所占的比例比碎秆覆盖提高了5.75%，整秆覆盖和高留茬覆盖两种垄作模式比碎秆覆盖模式分别提高了20.69%和20.99%。在10~20cm和20~40cm

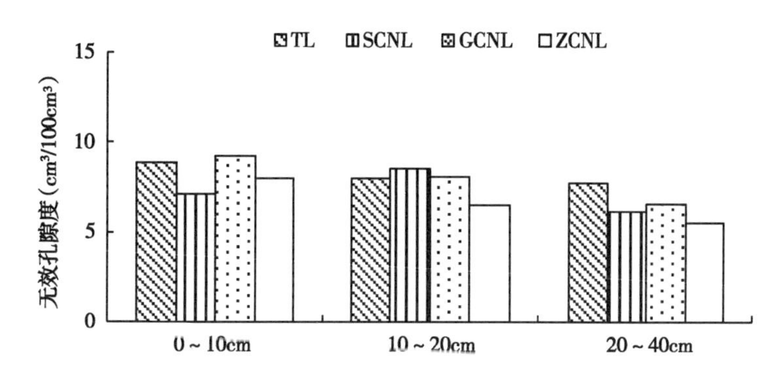

图 8－17　不同垄作处理模式下垄台上的无效孔隙（<0.2μm）分布情况

土层内，传统垄作模式下的导水孔隙比例下降较快，在 4 种处理模式中为最低，碎秆覆盖垄作模式次之，其中，在 10～20cm 土层内，3 种垄作少免耕模式的导水孔隙比例比传统垄作模式提高了 4.49%～11.24%，在 20～40cm 土层内，则提高了 8.24%～14.12%。

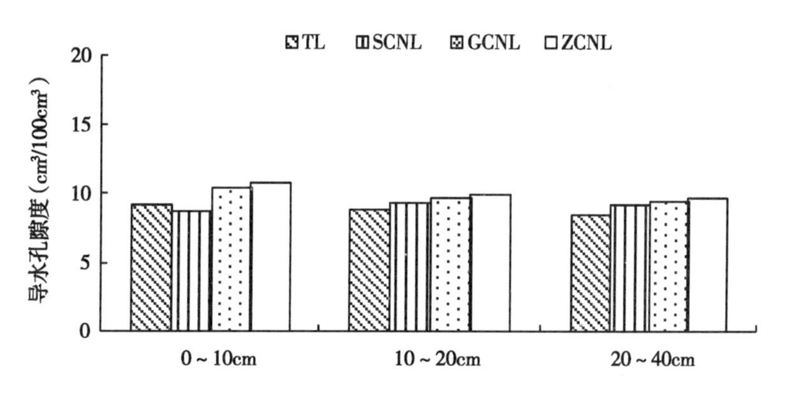

图 8－18　不同垄作处理模式下垄沟内的导水孔隙（>60μm）分布情况

垄沟内的贮水孔隙如图 8－19 所示。在 0～10cm、10～20cm 和 20～40cm 土层，整秆覆盖和高留茬覆盖两种垄作模式的贮水孔隙所占的比例高于碎秆覆盖和传统垄作。其中，在 0～10cm 土层，传统垄作与碎秆覆盖垄作两种模式的贮水孔隙比例相似，而整秆覆盖和高留茬覆盖的贮水孔隙与传统垄作模式相比分别提高了 12.32% 和 8.87%。在 10～20cm 土层，碎秆覆盖垄作模式的贮水孔隙比例有所上升，在 4 种垄作处理模式之中传统垄作模式最低，3 种垄作少免耕模式的贮水孔隙与传统垄作模式相比，提高了 16.58%～22.28%。在 20～40cm 土层，4 种垄作处理模式的贮水孔隙所占比例基本相似。

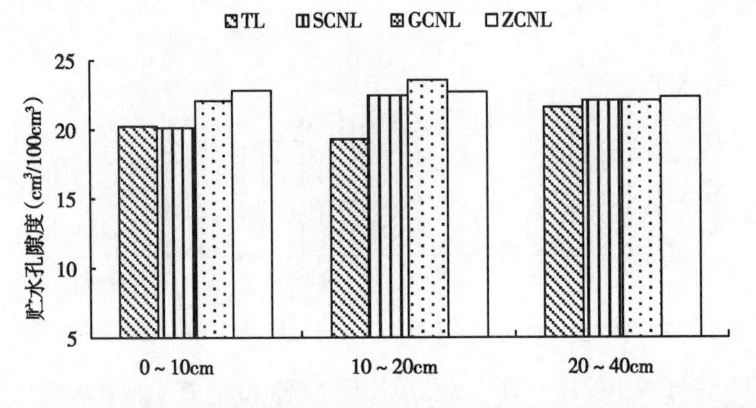

图 8-19 不同垄作处理模式下垄沟上的贮水孔隙（0.2~60μm）分布情况

垄沟内的无效孔隙如图 8-20 所示。在 0~10cm、10~20cm 和 20~40cm 三个土层内，传统垄作模式的无效孔隙所占的比例在 4 种垄作处理模式之中始终最高。在 0~40cm 土层，3 种垄作少免耕模式的平均无效孔隙比传统垄作模式低 35.54%~50.83%。在 0~10cm 土层，与传统垄作模式相比，碎秆覆盖垄作模式降低了 6.25%，整秆覆盖和高留茬覆盖模式分别降低了 41.07% 和 35.71%。在 10~20cm 和 20~40cm 土层，3 种垄作少免耕模式的无效孔隙降低了 51.54%~63.85%。

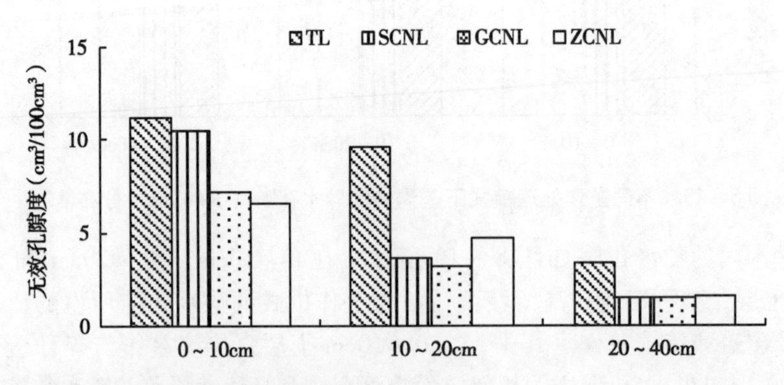

图 8-20 不同垄作处理模式下垄沟上的无效孔隙（<0.2μm）分布情况

（四）对土壤饱和导水率的影响

土壤饱和导水率是决定降水入渗与地表径流比例的重要参数之一，入渗是指水分通过土壤表面垂直向下进入土壤和地下的运动过程。土壤入渗的性能不仅直接影响地面径流量的大小，也影响土壤水分及地下水的增长。

1. 垄台土壤饱和导水率

2008 年垄台的土壤饱和导水率结果（图 8－21）表明，在 0～10cm 土层内，传统垄作、碎秆覆盖、高留茬覆盖和整秆覆盖 4 种垄作处理模式的土壤饱和导水率分别是 10.82cm/天、11.59cm/天、10.99cm/天和 11.35cm/天。碎秆覆盖、高留茬覆盖和整秆覆盖的土壤饱和导水率与传统垄作相比分别提高了 7.12%、1.57% 和 4.89%，碎秆覆盖垄作模式最高，传统垄作模式最低。在 10～20cm 土层，对比趋势发生了改变，高留茬覆盖垄作模式的最高，最低的是传统垄作模式。3 种垄作少免耕处理模式的饱和导水率与传统垄作相比，提高了 2.63%～20.43%。在 20～30cm 土层，3 种垄作少免耕模式的饱和导水率仍然好于传统垄作模式，提高了 61%～74%，且存在显著性差异。在 0～30cm 三个土层内，3 种垄作少免耕处理模式之间的土壤饱和导水率差异不明显。

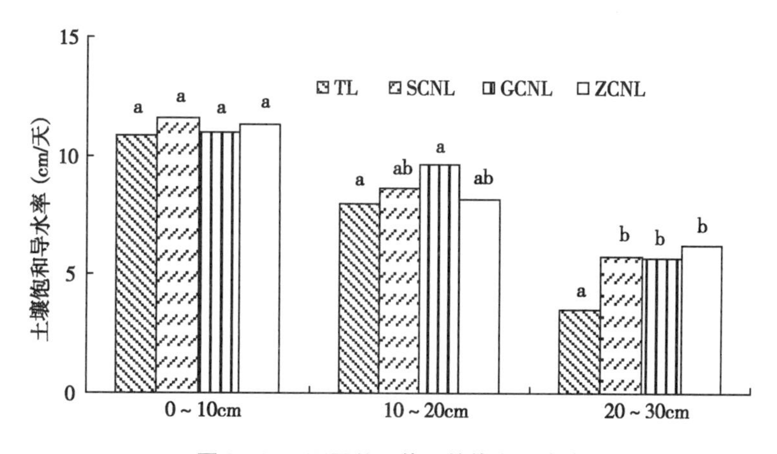

图 8－21　不同处理体系的饱和导水率

注：同一深度不同字母表示两种处理模式之间存在显著性差异（$P=0.05$）

在 0～30cm 土层，垄作少免耕处理模式表现出较好的导水连续性。而对于传统垄作模式，只有在表层土壤（0～10cm）表现出与垄作少免耕模式相当的饱和导水率水平。

2. 垄沟内土壤饱和导水率

4 种垄作处理模式垄沟内的土壤饱和导水率结果（图 8－22）表明，垄沟内与垄台上的土壤饱和导水率变化趋势差别较大。在 0～10cm 土层，碎秆覆盖模式的土壤饱和导水率最低，为 5.15cm/天，传统垄作模式次之，为

5.91cm/天，高留茬覆盖与整秆覆盖两种垄作少免耕模式的饱和导水率相对较高，分别为6.66cm/天和8.67cm/天。在10～20cm土层，传统垄作模式的饱和导水率下降最快，饱和导水率最低，与传统垄作相比，3种垄作少免耕处理模式的土壤饱和导水率提高了0.77～1倍。在20～30cm土层，传统垄作模式的饱和导水率为0.78cm/天，3种垄作少免耕处理模式的土壤饱和导水率与之相比，提高了0.55～1.4倍。

在垄沟0～30cm土层，高留茬覆盖和整秆覆盖两种垄作少免耕模式的土壤饱和导水率差异较小，表现出较好的孔隙连续性。在碎秆覆盖和传统垄作两种模式下，在0～10cm、10～20cm和20～30cm各土层，土壤饱和导水率差异较大，表现出较差的孔隙连续性。

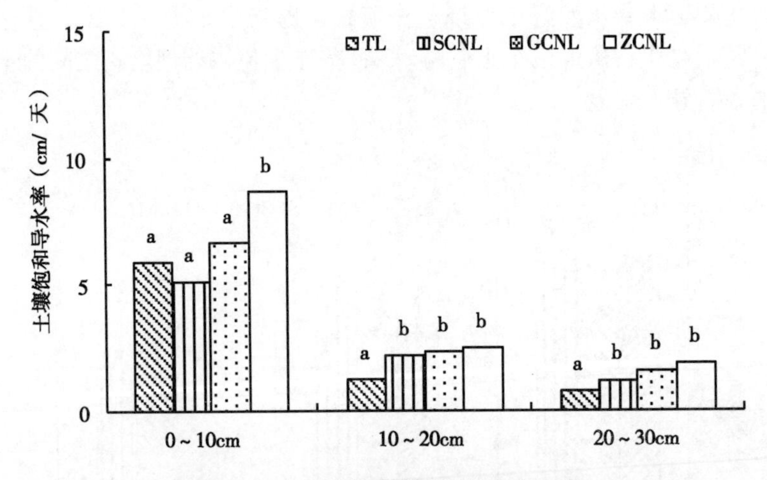

图8－22 四种处理模式的饱和导水率

注：同一深度不同字母表示两种处理模式之间存在显著性差异（$P=0.05$）

（五）不同处理模式下的土壤持水特性

1. 水分特征曲线

土壤水分特征曲线实际反映的是土壤孔隙状况和含水量之间的关系，是土壤最重要的水力特性之一，所以，一切影响土壤孔隙状况和水分特性的因素都会对土壤水分特征曲线产生影响。

从图8－23和图8－24可以看出，垄台0～15cm和15～30cm土层，传统垄作由于机械的压实严重，总孔隙度小，特别是团粒之间的大孔隙下降较多，因而土壤饱和含水量明显比3种垄作少免耕处理小，其中碎秆覆盖垄作最高。

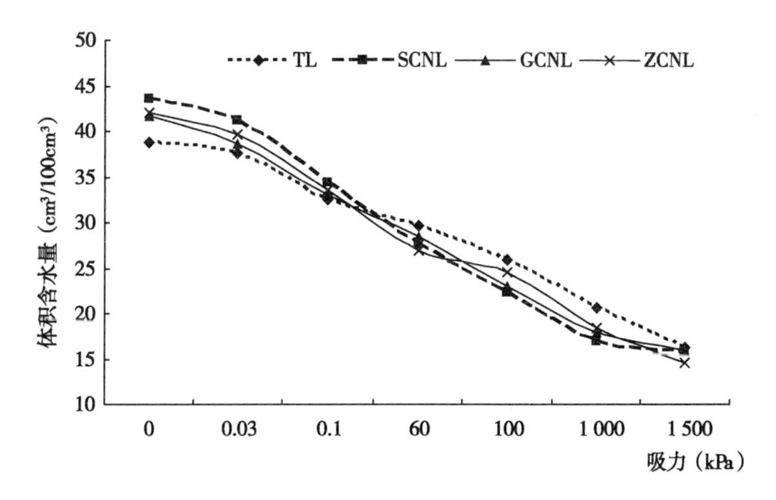

图 8－23　不同垄作处理模式垄台 0～15cm 水分特征曲线

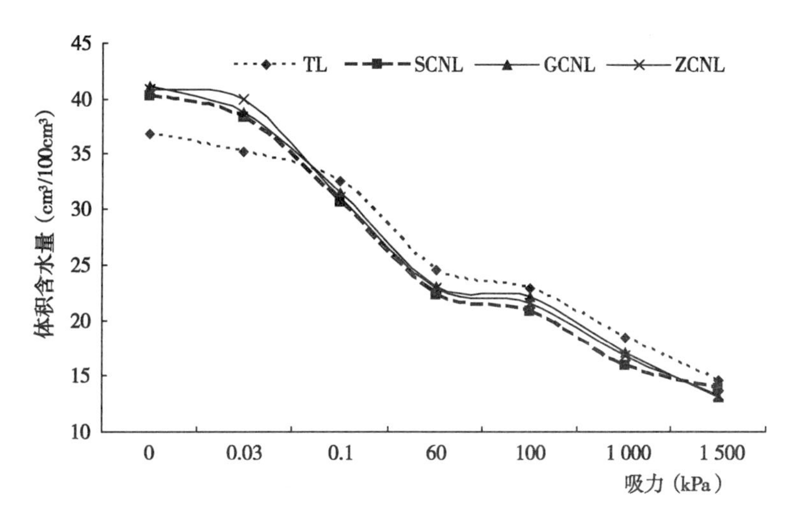

图 8－24　不同垄作处理模式垄台 15～30cm 水分特征曲线

土壤水分特征曲线结果表明，在 0～15cm 和 15～30cm 土层，在 40～1 500kPa 吸力范围内，与传统垄作处理模式相比，3 种垄作少免耕模式的土壤含水量相对比较低，这说明垄作少免耕模式土壤水分与传统翻耕处理模式相比更容易被植物根系吸收利用。

2. 田间持水性能

在土壤水分特征曲线中将吸力为 0kPa 时的土壤体积含水量作为饱和

含水量，吸力为30kPa时的土壤体积含水量作为田间持水量，吸力在1 500kPa时的土壤体积含水量定为萎蔫系数。将田间持水量与萎蔫系数的差作为植物的可利用水，得到0～30cm深度范围内的土壤持水特性如表8－4所示。

表8－4 不同耕作处理下0～15cm和15～30cm土层的土壤饱和含水量、田间持水量和萎蔫系数 （单位：$cm^3/100cm^3$）

土层深度	处理模式	饱和含水量	田间持水量	萎蔫系数	可利用水
0～15cm	传统垄作	38.8	27.9	16.3	11.6
	碎秆覆盖	43.6	29.7	15.8	13.9
	高留茬覆盖	41.7	28.4	15.9	12.5
	整秆覆盖	42.1	28.9	14.5	14.4
15～20cm	传统垄作	36.3	25.3	14.6	12.2
	碎秆覆盖	40.2	27.5	13.9	13.6
	高留茬覆盖	41.2	26.8	13.1	13.7
	整秆覆盖	40.9	27.8	13.3	13.9

结果表明，4种垄作处理模式在整个0～30cm土层范围内，植物可利用水不存在显著性差异（P＝0.05）。传统垄作、碎秆覆盖、高留茬覆盖以及整秆覆盖4种垄作处理模式下0～30cm深度的平均植物可利用水分别是11.9$cm^3/100cm^3$、13.8 $cm^3/100cm^3$、13.1 $cm^3/100cm^3$和14.2$cm^3/100cm^3$。垄作少免耕处理虽然改善了土壤的通气和导水性能，但提高贮水孔隙的效果并不明显，因而对于土壤的贮水能力提高效果并不明显。

（六）土壤水分

1. 休闲期土壤水分情况

在2007年4月3日和2008年4月6日（休闲期），使用取土钻对垄作少免耕试验田进行了取土，取土深度为100cm。分别测试了垄台和垄沟在0～10cm、10～20cm、20～30cm、30～40cm、40～60cm和60～100cm土层的土壤水分。垄沟和垄台的测试结果分别如表8－5和表8－6所示。

2007年的测试结果显示，在0～100cm土层内，整秆覆盖垄作模式的土壤蓄水量最高，为242.03$cm^3/100cm^3$，碎秆覆盖垄作模式最低为232.89$cm^3/100cm^3$，高留茬覆盖和传统垄作两种处理模式的土壤蓄水量分别为239.29$cm^3/100cm^3$和238.52 $cm^3/100cm^3$。与碎秆覆盖垄作模式相比，在0～100cm土层，传统垄作、高留茬覆盖和整秆覆盖3种垄作模式的土壤蓄水量分别提高了 2.42%、2.75%和 3.92%。这样的水分对比趋势与第四章中不同处理模式垄沟内导水孔隙度变化情况一致。

表 8－5　4 种处理模式在休闲期垄沟的土壤体积含水量对比

（单位：$cm^3/100cm^3$）

年份	深度	传统垄作	碎秆覆盖	高留茬覆盖	整秆覆盖
2007	0～10cm	19.04	19.25	18.97	19.06
	10～20cm	21.78	22.06	23.95	23.23
	20～30cm	23.24	24.32	26.01	26.46
	30～40cm	25.66	25.12	26.18	26.48
	40～60cm	24.98	24.51	25.21	25.48
	60～100cm	24.71	23.28	23.44	23.96
	1m 蓄水量/mm	238.52	232.89	239.29	242.03
2008	0～10cm	18.23	18.87	19.21	19.66
	10～20cm	24.75	22.27	24.58	25.27
	20～30cm	24.51	24.26	26.28	26.98
	30～40cm	25.12	24.98	26.46	27.37
	40～60cm	25.11	24.31	25.57	26.91
	60～100cm	22.37	22.56	23.13	24.98
	1m 蓄水量/mm	232.31	229.24	240.19	253.02

（1）垄沟内的土壤水分

2008 年的测试结果显示，不同处理的土壤水分变化趋势与 2007 年相似。在整个 0～100cm 土层，土壤蓄水量由高到低依次为：整秆覆盖（253.02$cm^3/100cm^3$）>高留茬覆盖（240.19$cm^3/100cm^3$）>传统垄作（232.31$cm^3/100cm^3$）>碎秆覆盖（229.24$cm^3/100cm^3$）。与碎秆覆盖模式相比，其他 3 种垄作处理模式的土壤蓄水量分别提高了 1.34%～10.37%。

由于碎秆覆盖垄作模式采用原垄免耕播种，作业过程中，垄沟始终作为机具作业的行走带，而且在玉米收获时，增加了玉米收获机对垄沟的压实，垄沟内土壤压实相对较为严重，机具对土壤的压实又降低了土壤水分的入渗能力。因此，碎秆覆盖垄作模式垄沟内的土壤体积含水量最低。

(2) 垄台上的土壤水分

表8-6 4种处理模式在休闲期垄台上的土壤体积含水量对比

(单位：$cm^3/100cm^3$)

年份	深度	传统垄作	碎秆覆盖	高留茬覆盖	整秆覆盖
2007	0~10cm	17.52	18.07	17.21	17.82
	10~20cm	19.27	22.15	21.04	21.86
	20~30cm	20.56	23.16	23.08	23.14
	30~40cm	24.18	26.17	25.51	25.73
	40~60cm	25.46	25.54	25.12	25.21
	60~100cm	24.61	25.28	25.49	25.09
	1m 蓄水量/mm	230.9	241.8	238.7	239.3
2008	0~10cm	18.34	18.23	18.18	18.56
	10~20cm	20.77	23.81	22.04	22.42
	20~30cm	21.68	24.11	22.58	23.74
	30~40cm	23.91	25.77	23.18	24.14
	40~60cm	25.97	26.62	25.32	26.87
	60~100cm	25.49	25.12	25.65	24.71
	1m 蓄水量/mm	238.6	245.6	239.2	241.4

2007年的测试结果显示，在0~100cm深度范围内，传统垄作、碎秆覆盖垄作、高留茬覆盖垄作以及整秆覆盖垄作4种处理模式中，碎秆覆盖垄作模式的土壤体积含水量最高，为241.8$cm^3/100cm^3$，传统垄作的最低，为230.9$cm^3/100cm^3$，整秆覆盖和高留茬覆盖两种垄作少免耕模式分别为238.7$cm^3/100cm^3$和239.3$cm^3/100cm^3$。在整个土层内碎秆覆盖垄作模式土壤体积含水量一直最高。在0~10cm土层内，分别比传统垄作、高留茬覆盖以及整秆覆盖垄作提高了3.04%、4.76%和1.38%。在10~20cm土层，比其他3种垄作模式，分别提高了13.0%、5.01%和1.31%。在20~30cm土层，分别提高了11.2%、0.35%和0.19%。

2008年的测试结果显示，不同处理的土壤体积含水量对比趋势与2007年相似。在0~100cm土层内，土壤蓄水量由高到低依次为：碎秆覆盖(245.6$cm^3/100cm^3$) > 整秆覆盖(241.4$cm^3/100cm^3$) > 高留茬覆盖(239.2$cm^3/100cm^3$) >传统垄作(238.6$cm^3/100cm^3$)。在0~10cm土层内，传统垄作、碎秆覆盖、高留茬覆盖以及整秆覆盖4种垄作模式的土壤体积含水量分别是18.34$cm^3/100cm^3$、18.23$cm^3/100cm^3$、18.18$cm^3/100cm^3$和

18.56 $cm^3/100cm^3$。在10～20cm土层，碎秆覆盖垄作模式的体积含水量最高，为23.81$cm^3/100cm^3$，分别比传统垄作、高留茬覆盖以及整秆覆盖3种垄作模式提高了12.8%、7.43%和5.84%，在20～30cm土层，碎秆覆盖与其他3种垄作模式相比分别提高了10.1%、6.4%和1.5%。

碎秆覆盖垄作采用玉米联合收获机收获，与其他3种垄作模式相比增加了机具对垄沟土壤的压实，导致垄沟内土壤导水连续性差，部分水分侧渗到了垄台，从而提高了垄台内的土壤水分。另外，碎秆覆盖大量的秸秆覆盖地表，减少了土壤水分蒸发和地表径流，有利于土壤水分入渗，从而使碎秆覆盖垄作模式垄台的土壤体积含水量高于其他3种垄作模式。

2. 播种后土壤水分情况

在2007年和2008年试验田玉米播种后第二天，使用环刀取土法完成了对垄作少免耕试验田0～30cm土层的土壤取样。分别测试了播种带以及垄沟0～5cm、5～10cm、10～20cm和20～30cm各土层的土壤体积含水量。播种带和垄沟的测试结果分别如图8－25和图8－26所示。

(1) 播种带内的土壤水分

2007年测试结果显示（图8－25），与传统垄作相比，在0～5cm土层，碎秆覆盖、高留茬覆盖以及整秆覆盖3种垄作少免耕模式，分别提高了33.8%、29.8%和33.1%，存在显著性差异（$P=0.05$）。在5～10cm土层，分别提高了19.2%、15.0%和17.4%，存在显著性差异（$P=0.05$）。在10～20m土层内，提高了5.6%～9.7%，只有碎秆覆盖和整秆覆盖两种模式与传统垄作之间存在显著性差异（$P=0.05$）。在20～30cm土层，分别提高了6.9%、2.3%和6.0%，不存在显著性差异（$P=0.05$）。在0～30cm土层，3种垄作少免耕模式之间的土壤体积含水量差异不显著（$P=0.05$）。

2008年的测试结果显示（图8－26），土壤水分变化情况与2007年播种带的测试结果相似。在0～5cm土层，碎秆覆盖、高留茬覆盖和整秆覆盖3种垄作少免耕模式的土壤含水量比传统垄作模式分别提高了40.0%、34.8%、38.5%，存在显著性差异（$P=0.05$）。在5～10cm土层，3种垄作少免耕模式的土壤体积含水量分别提高了22.2%、18.1%和20.5%。在10～20cm土层，只有碎秆覆盖和整秆覆盖两种垄作少免耕模式显著高于传统垄作，分别提高了11.4%和10.4%，高留茬覆盖垄作模式提高了6.9%。在20～30cm土层，4种垄作模式之间不存在显著性差异（$P=0.05$）。

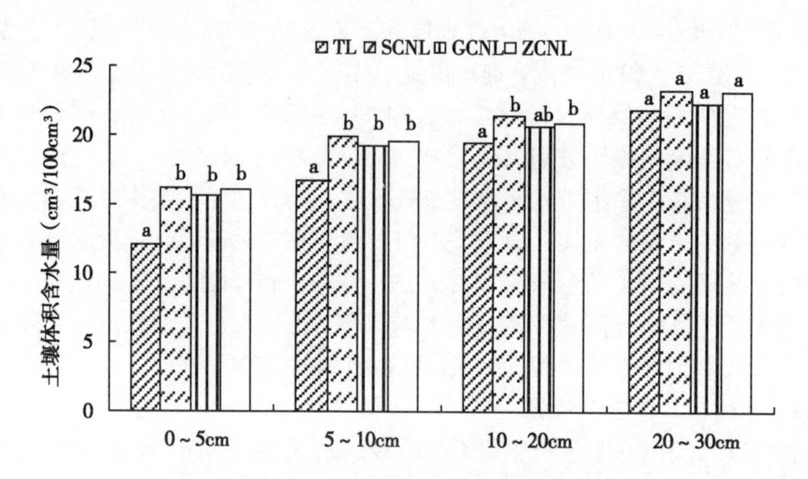

图 8－25　2007 年播种带内的土壤体积含水量

注：图中同一深度内，相同的字母表示不同的处理之间不存在显著的差异（$P=0.05$）

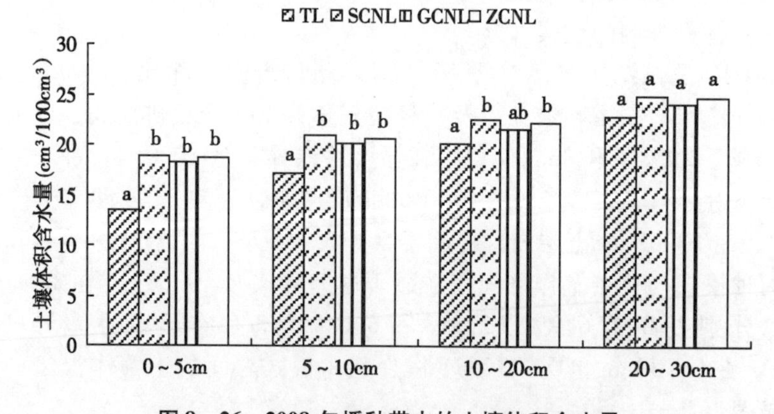

图 8－26　2008 年播种带内的土壤体积含水量

注：图中同一深度内，相同的字母表示不同的处理之间不存在显著的差异（$P=0.05$）

综上所述，在播种带上，碎秆覆盖垄作模式的土壤含水量最高，传统垄作模式最低。碎秆覆盖垄作模式由于在秋季玉米收获后，全部的秸秆直接粉碎还田，有利于土壤水分保护。有研究表明，在休闲期内，地表大量的秸秆覆盖可以有效地防止降水流失，增加土壤水分入渗，可以使较多的水分入渗到土壤深层储存起来，有利于深层土壤含水量的增加。传统垄作处理模式在播种前 3～4 天，采用旋耕机对传统地块进行了旋耕整地起垄作业，地表旋耕后，表层土壤（0～20cm）十分疏松，大孔隙增多，墒情损失严重。另外，传统垄作秋季玉米收获后，大部分地表的秸秆（地表留茬高度8cm左右）被人工移走，地表裸露，无秸秆覆盖物，不利于土壤水分的贮存和入渗，土壤水分蒸发快，因此，传统垄作模式在0~20cm土层土壤水分含量最低，在20~30cm土层内受耕作和地表覆盖物影响较小。

（2）垄沟内土壤水分

2007年播种后第二天垄沟内的测试结果显示（图8-27），在0~5cm土层内，传统垄作模式的土壤含水量最低，碎秆覆盖、高留茬覆盖以及整秆覆盖3种垄作少免耕模式与其相比，土壤含水量分别提高了30.7%、23.6%和34.6%，存在显著性差异（$P=0.05$）。在5~10cm土层，3种垄作少免耕的土壤含水量提高了14.2%~20.3%，存在显著性差异（$P=0.05$）。在10~20cm和20~30cm土层，传统垄作模式的土壤含水量仍然最低，3种垄作少免耕模式分别提高了2.7%~6.4%和2.7%~5.0%，差异不显著。

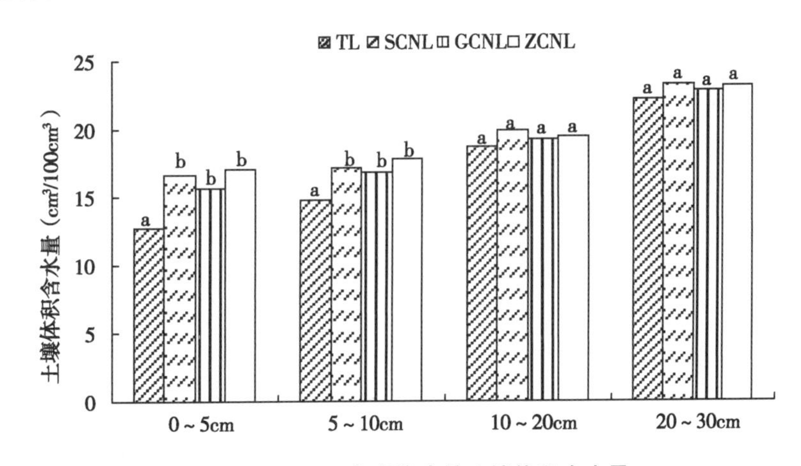

图8-27　2007年垄沟内的土壤体积含水量

注：图中同一深度内，相同的字母表示不同的处理之间不存在显著的差异（$P=0.05$）

2008年的测试结果显示（图8-28），在整个0~30cm土层内，土壤水分与2007年的测试结果相似，整秆覆盖垄作模式的土壤含水量最高，传统垄作模式最低。其中，在0~5cm土层，碎秆覆盖、高留茬覆盖以及整秆覆盖3种垄作少免耕模式的土壤含水量分别提高了18.8%、15.4%和22.8%。在5~10cm土层，分别提高了10.7%、13.7%和17.9%。在10~20cm和20~30cm两个土层，3种垄作少免耕模式的土壤含水量略微提高，分别提高了3.8%~5.5%和2.7%~4.9%。

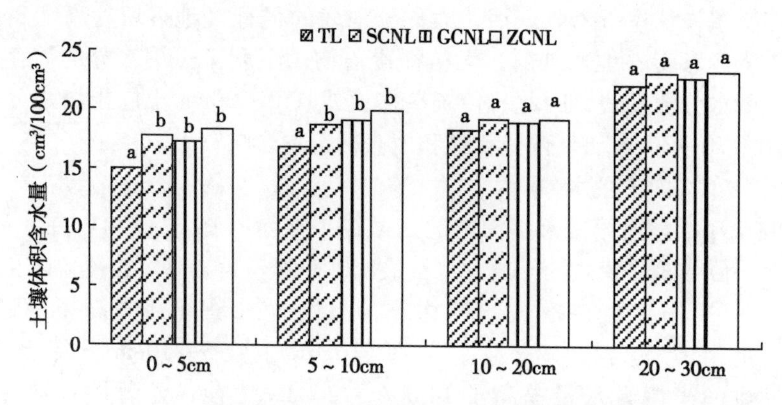

图 8－28 2008 年垄沟的体积含水量

注：图中同一深度内，相同的字母表示不同的处理之间不存在显著的差异（$P=0.05$）

垄作少免耕模式的土壤含水量相对较高的原因主要有以下两点。

①由于垄作少免耕模式地表存在大量的秸秆和根茬（特别是碎秆覆盖和整秆覆盖两种模式）。在休闲期，秸秆和残茬被吹入垄沟内，有效地减少了垄沟土壤水分蒸发，残茬和秸秆就像一个个微小的水坝减慢了水的流速，增加了水分的入渗机会。整秆覆盖垄作模式垄沟内土壤含水量略高于碎秆覆盖主要是由于碎秆覆盖垄沟内土壤压实严重，影响了土壤水分的入渗和储存，降雨发生时部分降雨发生了侧渗。

②垄作少免耕模式播种前不进行任何整地作业，有效防止了由于土壤扰动引起的土壤水分损失。

传统垄作模式垄沟内土壤含水量较低主要由于传统垄作处理模式在播种前 3～4 天采用旋耕机进行了旋耕整地起垄作业，作业后土壤疏松，水分蒸发快，墒情损失严重；另外，秋季玉米收获后，传统垄作模式地表的秸秆全部被人工移走（地表仅留茬高度 8cm 左右），与垄作少免耕地块相比，在休闲期，传统垄作模式的土壤水分贮存和入渗能力相对较差，导致了其土壤水分含量较低。

3. 玉米全生育期内土壤含水量情况

在玉米的全生育期内，从播种至拔节期耗水量约占全生育期耗水量的 22%。拔节期后，玉米进入旺盛生长阶段，植株迅速增大，同时外界温度升高，对水分的需求迫切，从拔节到灌浆期玉米耗水量达 150～200mm，占玉米全生育期的 40%～50%。进入乳熟期后籽粒基本定型，对水分的要求逐渐减少，土壤含水量对产量的影响也越来越少。表 8－7 和表 8－8 分别是苏家屯试验区2007年和2008年玉米整个生育期不同耕作处理垄台在0～100cm深度范围内土壤的体积含水量情况。

表8－7　2007年不同耕作体系玉米关键生育期土壤的体积含水量

（单位：$cm^3/100cm^3$）

深度	出苗期（5月19日）				拔节期（6月21日）			
	TL	SCNL	GCNL	ZCNL	TL	SCNL	GCNL	ZCNL
0～10cm	14.05[a]	17.11[b]	16.01[b]	17.62[b]	21.33[a]	24.74[b]	22.04[a]	24.42[b]
10～20cm	20.85[a]	22.79[b]	22.24[b]	23.14[b]	25.66[a]	26.83[a]	26.17[a]	26.65[a]
20～30cm	20.28[a]	23.66[b]	23.51[b]	23.98[b]	24.13[a]	26.99[b]	25.93[ab]	26.81[b]
30～40cm	23.91[a]	24.77[a]	23.98[a]	24.14[a]	24.11[a]	25.82[a]	25.62[a]	26.12[a]
40～60cm	25.57[a]	26.11[a]	25.81[a]	26.11[a]	25.37[a]	26.74[a]	26.14[a]	26.79[a]
60～100cm	24.45[a]	25.13[a]	24.64[a]	24.88[a]	25.88[a]	25.21[a]	25.97[a]	26.12[a]
1m土层蓄水量（mm）	228.03	241.07	233.42	240.62	249.49	258.7	255.92	262.06
深度	抽穗期（8月21日）				乳熟期（9月23日）			
	TL	SCNL	GCNL	ZCNL	TL	SCNL	GCNL	ZCNL
0～10cm	21.39[a]	22.64[a]	21.51[a]	22.44[a]	24.84[a]	24.71[a]	24.19[a]	24.71[a]
10～20cm	21.64[a]	22.17[a]	21.65[a]	22.11[a]	23.73[a]	24.56[a]	24.48[a]	24.22[a]
20～30cm	22.44[a]	23.57[a]	22.98[a]	23.59[a]	25.06[a]	25.76[a]	24.91[a]	25.37[a]
30～40cm	24.82[a]	24.88[a]	24.99[a]	25.08[a]	26.35[a]	26.92[a]	26.11[a]	25.93[a]
40～60cm	24.11[a]	25.28[a]	25.19[a]	25.63[a]	24.21[a]	24.55[a]	24.01[a]	24.75[a]
60～100cm	25.58[a]	25.86[a]	25.17[a]	25.12[a]	24.98[a]	24.01[a]	25.08[a]	25.09[a]
1m土层蓄水量（mm）	240.83	247.26	242.19	244.96	248.4	247.1	248.03	250.09

注：表中同一深度内，相同的字母表示不同的处理之间不存在显著的差异（$P=0.05$）

（1）2007年不同垄作体系下玉米关键生育期（出苗期、拔节期、抽穗期、乳熟期）在0～100cm土层内的土壤体积含水量如下。

出苗期：碎秆覆盖、高留茬覆盖和整秆覆盖3种垄作少免耕模式在0～10cm、10～20cm和20～30cm三个土层内的土壤含水量均高于传统垄作技术模式，且存在显著性的差异。其中，在0～10cm土层，与传统垄作模式相比，3种垄作少免耕模式的土壤体积含水量分别增加了21.8%、13.95%、25.41%；在10～20cm土层，分别增加了9.3%、6.67%，10.98%；在20～30cm土层，分别提高了16.67%、15.93%、18.24%。在30～40cm、

40～60cm以及60～100cm土层，垄作少免耕模式的土壤体积含水量仍然略高于传统垄作模式。从整个100cm土层内的土壤蓄水量来看，3种垄作少免耕模式与传统垄作模式相比，均略有提高，分别提高了5.72%、2.36%和5.52%。

拔节期：在0～10cm土层内，与传统垄作技术模式相比，碎秆覆盖和整秆覆盖两种垄作少免耕模式的土壤含水量分别显著地提高了15.99%和14.49%，而高留茬覆盖垄作少免耕模式的土壤含水量略有提高，提高了3.33%。这主要是由于碎秆覆盖垄作和整秆覆盖两种垄作少免耕模式在播种后地表仍然存在大量的秸秆和残茬，减缓了地表水分的蒸发，而高留茬垄作少免耕模式在播种后地表的秸秆量较少，减缓地表水分的蒸发效果并不明显。在10～20cm、30～40cm、40～60cm、60～100cm土层，3种垄作少免耕处理模式的土壤含水量与传统垄作模式略有差异。在20～30cm土层内，3种垄作少免耕模式的土壤含水量均高于传统垄作技术，其中，碎秆覆盖和整秆覆盖两种垄作少免耕模式与传统垄作模式相比，土壤含水量分别显著提高11.85%和11.1%，高留茬覆盖垄模式与传统垄作模式相比提高了7.46%，不存在显著性差异（$P=0.05$）。从整个土层的土壤蓄水量来看，与传统垄作技术模式相比，碎秆覆盖、高留茬秆覆盖和整秆覆盖3种垄作少免耕模式的土壤蓄水量略有提高，分别提高了3.69%、2.58%和5.04%。

抽穗期：在抽穗期，垄作少免耕模式的土壤含水量仍然略高于传统垄作技术模式。其中，在0～10cm土层内，3种垄作少免耕模式的土壤含水量提高了0.6%～5.8%。在10～20cm土层内，分别提高了0.1%～2.4%。在其他土层内，4种垄作处理模式之间的土壤水分差异均不显著。在整个0～100cm土层，与传统垄作相比，碎秆覆盖、高留茬覆盖和整秆覆盖的土壤蓄水量略有增加，分别增加了2.7%、0.6%和1.7%。这主要是由于在玉米抽穗期，玉米的高度已经达到了2m以上，可以将整个地面遮盖，减缓降雨对地表的冲击，减少地表径流，增加了土壤水分入渗。另外，玉米茎秆的遮挡也减少了土壤水分的蒸发，减弱了地表秸秆覆盖的作用，而且6月中旬试验地进行的中耕、修垄追肥作业也减弱了4种垄作处理模式之间的差异。

乳熟期：在整个0～100cm土层，与传统垄作模式相比，碎秆覆盖垄作、高留茬秆覆盖垄作和整秆覆盖垄作3种处理模式的土壤蓄水量分别降低了0.52%、0.2%和-0.7%。传统垄作模式的土壤蓄水量在玉米乳熟期略有高于碎秆覆盖和高留茬覆盖两种垄作少免耕模式，略低于整秆覆盖垄作模式。从抽穗期到乳熟期，随着玉米生长对水分需求的不断增加，土壤的耗水量也越来越大，但进入乳熟期后，玉米对水分的需求有所减弱。垄作少免耕模式由于具有较好的水分条件，促使玉米的生长期有所延长，水分的需求大，耗水量多，特别是碎秆覆盖垄作模式，玉米对水分需求大，使乳熟期的土壤蓄水量略低于传统垄作技术模式。

（2）分析2008年4种不同耕作体系下玉米关键生育期（出苗期、拔节期、抽穗期、乳熟期）在0～100cm土层的土壤体积含水量如下。

表8-8　2008年不同耕作体系玉米关键生育期土壤的体积含水量

（单位：$cm^3/100cm^3$）

深度	出苗期（5月21日）				拔节期（6月5日）			
	TL	SCNL	GCNL	ZCNL	TL	SCNL	GCNL	ZCNL
0～10cm	19.17[a]	22.97[b]	22.07[b]	22.92[b]	21.33[a]	23.74[b]	21.94[a]	23.42[b]
10～20cm	23.72[a]	24.99[a]	24.25[a]	25.01[a]	23.66[a]	24.83[a]	24.57[a]	25.11[a]
20～30cm	25.00[a]	26.99[a]	26.74[a]	27.43[a]	22.13[a]	23.29[a]	22.93[a]	23.81[a]
30～40cm	23.01[a]	26.57[b]	25.11[ab]	26.04[b]	24.11[a]	25.12[a]	25.22[a]	26.12[a]
40～60cm	24.01[a]	26.97[b]	25.88[ab]	26.78[b]	25.37[a]	26.44[a]	26.14[a]	26.79[a]
60～100cm	23.84[a]	26.53[b]	25.28[ab]	26.85[b]	23.78[a]	24.67[a]	25.17[a]	24.92[a]
1m土层蓄水量（mm）	234.28	261.58	251.05	262.36	237.09	248.54	247.62	251.72
深度	抽穗期（8月26日）				乳熟期（9月20日）			
	TL	SCNL	GCNL	ZCNL	TL	SCNL	GCNL	ZCNL
0～10cm	25.09[a]	25.24[a]	25.51[a]	25.84[a]	24.21[a]	23.97[a]	23.82[a]	24.55[a]
10～20cm	25.64[a]	25.67[a]	25.24[a]	25.55[a]	25.02[a]	24.97[a]	24.98[a]	25.29[a]
20～30cm	24.14[a]	25.28[a]	25.08[a]	26.09[a]	26.71[a]	26.02[a]	26.41[a]	27.12[a]
30～40cm	25.52[a]	26.28[a]	26.51[a]	27.08[a]	27.11[a]	26.42[a]	26.65[a]	26.53[a]
40～60cm	26.91[a]	27.68[a]	27.39[a]	27.93[a]	26.95[a]	25.55[a]	25.78[a]	26.18[a]
60～100cm	24.98[a]	25.77[a]	25.07[a]	25.82[a]	25.01[a]	24.81[a]	25.24[a]	26.04[a]
1m土层蓄水量（mm）	254.13	260.91	257.4	263.7	256.9	251.7	254.4	260.01

注：表中同一深度内，相同的字母表示不同的处理之间不存在显著的差异（$P=0.05$）

出苗期：在0～100cm整个土层，碎秆覆盖、高留茬覆盖和整秆覆盖3种垄作少免耕模式的土壤含水量均高于传统垄作模式。其中，在0～10cm土层，碎秆覆盖、高留茬秆覆盖和整秆覆盖3种垄作少免耕模式比传统垄作模式的土壤体积含水量分别提高了21.26%、14.43%和20.88%，存在显著性差异（$P=0.05$）。在10~20cm土层，4种垄作模式之间的土壤含水量的差别趋势有所减缓，碎秆覆盖、高留茬秆覆盖和整秆覆盖3种垄作少免耕模式的土壤体积含水量略高于传统垄作技术模式，分别提高了5.35%、2.23%和5.44%。在20~30cm土层，4种垄作土壤体积含水量对比结果与10~20cm相似，3种垄作少免耕模式的土壤体积含水量相对于传统垄作模式分别提高了7.96%、6.96%和9.72%。在30~40cm、40~60cm、60~100cm的深层土壤，由于碎秆覆盖垄作和整秆覆盖垄作地表具有大量的秸秆根茬覆盖和良好的土壤结构，在休闲期，大量的降水入渗到土壤深层，提高了碎秆覆盖和整秆覆盖模式的土壤含水量。与传统垄作技术相比，两种垄作少免耕模式的土壤含水量明显高于传统垄作模式，在3个土层分别提高了15.47%、13.17%，12.33%、11.54%和11.28%、12.63%，而高留茬覆盖垄作模式在该土层的土壤含水量略高于传统垄作模式。

拔节期：随着玉米的生长，玉米对田间水分的需求也越来越大，由于中耕以前碎秆覆盖垄作和整秆覆盖垄作的地表存在大量的秸秆覆盖，减少了土壤水分的蒸发，增加了土壤水分入渗。因此，表层土壤（0~10cm）的土壤含水量与传统垄作技术模式相比，这两种垄作少免耕模式的土壤蓄水量显著提高11.30%和9.80%。高留茬覆盖垄作模式在这个土层内的土壤蓄水量比传统垄作技术略有提高，提高了2.86%。在其他土层内，4种垄作处理模式之间不存在明显的差异。

抽穗期：4种处理模式的土壤水分与2007年抽穗期相似，在整个土层内，4种垄作处理模式之间的土壤含水量均不存在显著性差异，垄作少免耕处理模式略高于传统垄作模式。在0~100cm土层，4种垄作处理模式的土壤蓄水量分别为：254.13mm、260.91mm、257.4mm、263.7mm。与传统垄作技术相比，3种垄作少免耕模式的土壤蓄水量分别提高了2.7%、1.29%和3.8%。

乳熟期：2008年的测试结果显示，在乳熟期，4种垄作处理间的土壤含水量差异不显著。在0~100cm土层，与传统垄作模式相比，碎秆覆盖和高留茬覆盖两种垄作少免耕模式的土壤蓄水量分别低了2.02%和0.97%，整秆覆盖垄作模式的土壤蓄水量提高了1.21%，对比趋势与2007年同期相比趋势是一致的。

综上所述，在玉米出苗期、拔节期、灌浆期，3种垄作少免耕模式的土壤水分均高于传统垄作，在玉米乳熟期，碎秆覆盖和高留茬覆盖两种垄作少免耕的土壤水分略低于传统垄作，整秆覆盖垄作模式略高于传统垄作。

（七）不同耕作体系对土壤地温的影响

地温是太阳辐射平衡、土壤热量平衡和土壤热学性质共同作用的结果。地温影响作物的生长发育和微生物的活动，进而影响到作物的产量。过高的地温会加速根的老化，过低的地温则不利于作物根系的生长，易发生病虫害。不同耕作体系由于耕作中的动土量和植被覆盖等因素的影响，地温变化各不相同。

1. 垄台不同位置的地温

在辽宁地区，垄作是当地玉米主要种植模式，目的主要是为了提高地温，促进作物生长。研究表明垄作地表面积比平地增加 20% ~30%，昼间地温比平地增高 2 ~3℃，昼夜温差大，有利于光合产物积累。王同朝等认为在 0 ~20cm 土层，垄作地温高于平作，随土层的加深土壤温度下降。陈素英等认为，农田秸秆覆盖后，在土壤表面形成了一道物理隔离层，由于秸秆覆盖层对太阳直射和地面有效辐射的拦截和吸收作用，阻碍了土壤与大气间的水热交换，表层土壤温度受秸秆覆盖影响较大，而在土层 10cm 以下地温受秸秆覆盖的影响较小。

因此，垄作模式适合东北寒冷地区，有利于作物的生长。为了确定垄台上的播种位置，在春季播种前，对垄台上不同位置的地温进行了连续 6 天的测试（图 8 –29），测试结果如图 8 –30 所示。

图 8 –29　垄台上地温计布置

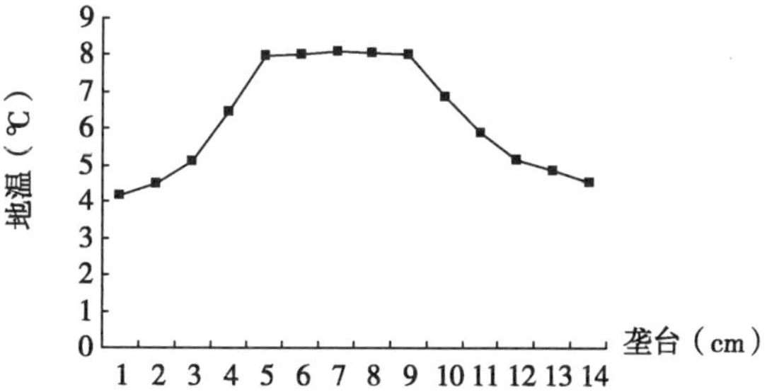

图 8 –30　春季播种前垄台不同位置的地温情况

从 6 天内垄台不同位置的平均地温曲线图可以看出，地温曲线图的形状近似于垄台的形状。垄台不同位置平均地温随着垄台高度的升高而上升。因此，可以得出初步结论，在春季播种时，垄台中心位置的平均地温在整个垄台上最高。

根据前期的地温测试，如果能够将玉米播种在垄台中心位置附近，将会提高春季播种时播种带内的地温，这有利于种子发芽。

2. 垄台地温对比

玉米种子的发芽需要具有足够高的地温和充足的土壤水分，在辽宁垄作区春季播种时，外界气温比较低，昼夜温差大。播种后，如果土壤水分充足，而地温比较低，播到土壤中的种子有可能出现烂种现象，造成缺苗（图 8－31），进而影响作物产量。因此，在辽宁垄作区，地温是决定种子能否正常发芽的重要因素之一。

图 8－31 出现烂种补苗后玉米长势

试验分别测得了 2007 年和 2008 年整个玉米生长期传统垄作、碎秆覆盖垄作、高留茬覆盖垄作、整秆覆盖垄作 4 种处理模式下播种带内 5cm 和 10cm 深度的平均土壤温度，测得的时间是从播种后第 1 天开始，每隔 15 天进行测试一次，直到玉米收获。

（1）5cm 处的地温对比

在辽宁垄作区，玉米播种深度为 3～5cm，因此，在春季玉米播种后，特别是出苗期，播种带内 5cm 处的地温的高低影响种子发芽和出苗的好坏。图 8－32 和图 8－33 是 4 种垄作处理模式分别在 2007 年和 2008 年玉米播种后前 45 天以及播种 45 天后播种带内 5cm 处的地温情况。

从图 8－32 中可以看出，在 2007 年玉米播种后前 45 天，4 种不同的垄作处理模式 5cm 处的地温存在一定差异。传统垄作技术模式的地温最低，其次是高留茬覆盖，碎秆覆盖最高。与传统垄作相比，高留茬覆盖垄作的平均地温提高了 0.35℃，碎秆覆盖垄作的地温提高了 1.10℃，整秆覆盖垄作模式提高了 0.73℃。其中，在播种后第 1 天，4 种垄作处理模式的地温差异最大，与传统垄作相比，碎秆覆盖垄作、高留茬覆盖垄作、整秆覆盖垄作的地温分别提高了 1.60℃、1.00℃和 0.80℃。到播种后第 15 天，3 种垄作少免耕模式的地温比传统垄作分别增加了 1.20℃、0.80℃和 0.50℃。随着外界气温逐渐上升，昼夜温差逐渐缩小。播种后第 45 天，4 种处理模式之间的地温的差异趋势越来越减弱。与传统垄作相比，3 种垄作少免耕模式的地温分别增加了 0.5℃、0.3℃和 0.1℃。

播种 45 天后与播种后前 45 天相比，地温对比趋势发生了变化。在 4 种

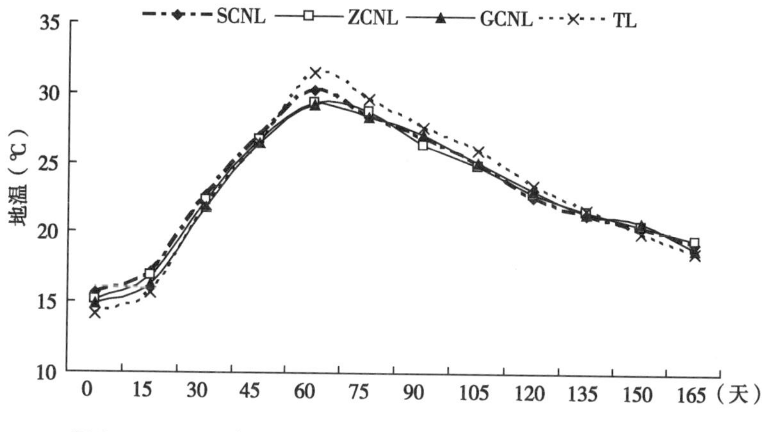

图 8－32　2007 年玉米生育期 4 种处理模式 5cm 处的地温对比

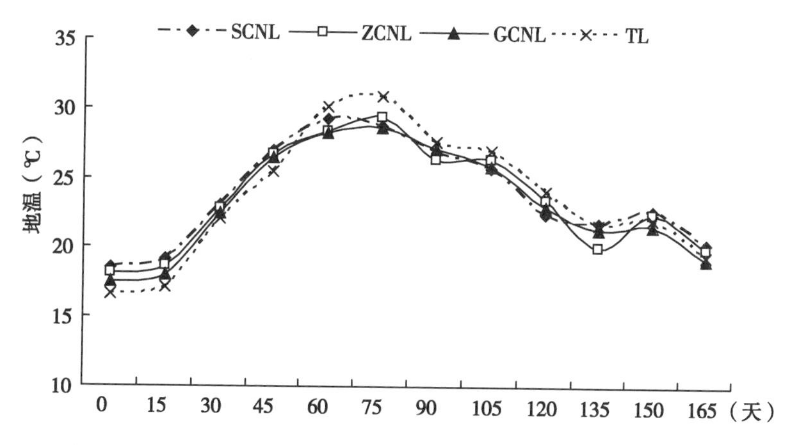

图 8－33　2008 年玉米生长期内 4 种处理模式 5cm 处的地温对比

垄作处理模式之中，传统垄作模式的平均地温最高，整秆覆盖垄作模式最低。与传统垄作相比，碎秆覆盖、高留茬覆盖和整秆覆盖 3 种垄作少免耕模式的平均地温分别降低了 0. 8℃、0. 4℃和 0. 95℃。到播种后第 60 天，传统垄作模式 5cm 处的地温超过了其他 3 种垄作少免耕模式，与 3 种垄作少免耕模式相比，分别提高了 1. 4℃、0. 9℃和 1. 1℃。到玉米生育后期，4 种垄作处理模式之间地温的差异逐渐减弱。

从图 8－33 可以看出，在 2008 年玉米播种后前 45 天，4 种处理模式之间的平均地温与 2007 年同期相似。传统垄作模式在 4 种垄作模式中的地温最低，碎秆覆盖垄作模式最高。在播种后第一天，碎秆覆盖、高留茬覆盖和整秆覆盖 3 种垄作少免耕模式与传统垄作相比地温分别提高了 1.8℃、1.5℃和 0.9℃。在播种后第 15 天，3 种垄作少免耕模式的地温仍然高于传统垄作，3 种垄作少免耕模式的地温比传统垄作模式分别提高了 0.9℃、0.6℃和 0.3℃。随着外界气温的升高，4 种垄作处理模式之间的地温差异也越来越小，到玉米播种后第 45 天，4 种垄作处理模式的地温基本持平。

播种第 45 天后，4 种垄作处理模式的地温对比趋势与前 45 天相比，发生了同样改变。播种 45 天后的平均地温对比结果显示，传统垄作模式最高，碎秆覆盖、高留茬覆盖以及整秆覆盖 3 种垄作少免耕模式的地温分别比传统垄作低了 1.1℃、0.7℃和 1.0℃。其中在播种第 60 天与传统垄作相比，碎秆覆盖、高留茬覆盖和整秆覆盖 3 种垄作少免耕模式的地温分别降低了 0.8℃、1.0℃和 0.4℃。到玉米生长后期，4 种垄作处理模式之间的地温差异较小。

综上所述，在辽宁玉米垄作区，垄作少免耕模式在春季播种时，能够提高播种带内地温，在玉米中耕作业后，能够降低播种带内地温，垄作少免耕技术具有调节地温的特点。

春季播种时，垄作少免耕模式地温高的原因分析：一是 3 种垄作少免耕模式在春季播种时，采用原垄免耕播种，垄形保持好，增加了光照面积，有利于土壤温度提高。二是外界气温较低时，秸秆覆盖地表具有保温作用，防止夜间地温下降较快。

中耕作业后，传统垄作模式地温升高的原因分析：一是由于中耕作业后，传统垄作完成了起垄作业，增加了光照面积。二是外界气温升高，昼夜温差变小，垄作少免耕模式的秸秆覆盖阻碍了热量传播，降低了地表温度，特别是碎秆覆盖垄作模式秸秆的保温作用最为明显。

相似研究：付国占等认为，玉米生育期间秸秆覆盖可以明显改善玉米生长发育期间的土壤环境。秸秆覆盖处理由于秸秆的遮光性，在温度升高时具有降温作用，同时由于其对地面逆辐射的阻挡作用使其在温度降低时具有保温性。土壤温度低于 28℃时秸秆具有保温作用，高于 28℃时具有降温作用。辽宁垄作区春季播种时外界气温还比较低，昼夜温差较大，地表覆盖大量的秸秆能够起到较好的保温作用。

（2）10cm 处的地温对比

5 ~ 10 cm 土层是作物根系的主要发育区，地温的高低直接关系到种子发芽后玉米的长势。地温过低有可能会发生烂根或者出现幼苗长势弱等问题，因此，播种带10cm处的地温对作物生长具有重要意义。

从图8－34中可以看出，2007年不同处理模式播种带内10cm处的地温对比趋势与2007年5cm处的相似，但是，差异有所减弱。在播种后前45天，碎秆覆盖垄作模式的平均地温最高，最低的为传统垄作模式，3种垄作少免耕模式的平均地温比传统垄作高了0.15～0.4℃。

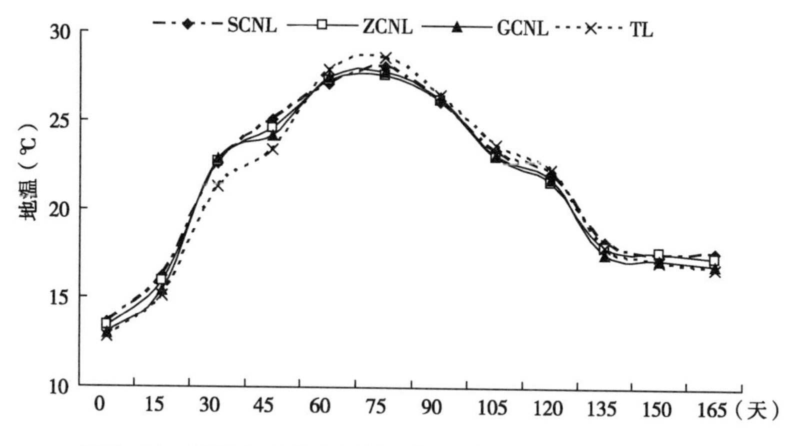

图8－34　2007年玉米生育期4种处理模式10cm处的地温对比

在播种第45天后，由于外界气温升高，出现了与5cm同样的对比趋势。3种垄作少免耕模式的平均地温比传统垄作低了0.19～0.33℃。

另外，对比5cm和10cm的地温结果显示，在同一时间，10cm处的地温低于5cm处的地温，就2007年而言，播种后前45天，传统垄作、碎秆覆盖、整秆覆盖和高留茬覆盖4种垄作模式模式在5cm处的平均地温比10cm处分别高了1.48℃、1.05℃、1.23℃和0.85℃。在播种45天后，传统垄作、碎秆覆盖、整秆覆盖和高留茬覆盖4种模式在5cm处的平均地温比10cm处分别高了1.7～2.4℃。

图8－35为2008年整个玉米生育期10cm处的地温变化趋势。

从图中可以看出，在2008年4种垄作处理模式10cm处的地温比较趋势与2007年10cm处基本一致。在播种后前45天，3种垄作少免耕模式的平均地温略高于传统垄作，其中，碎秆覆盖垄作、高留茬覆盖垄作和整秆覆盖垄作3种垄作少免耕模式的地温比传统垄作分别提高了0.71℃、0.27℃和0.51℃。

在中耕作业后，地温趋势发生了变化。在播种45天后，传统垄作模式的平均地温略高于3种垄作少免耕模式，分别高了0.51℃、0.65℃

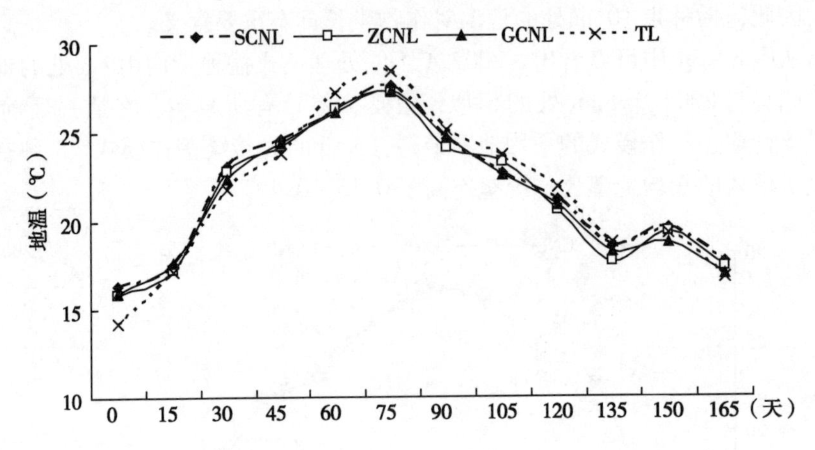

图 8－35　2008 年玉米生育期 4 种处理模式 10cm 处的地温对比

和 0.75℃。

在 2008 年，不同土层地温在同一时间对比结果显示，10cm 处的地温低于 5cm 处地温。地温随着土壤深度的加深地温呈递减趋势。因此，在春季播种时，播种深度不易过深，否则有可能引起烂种现象。

低温灾害是我国东北垄作区农作物生长的主要不利因素之一，地温的高低对于作物生长的影响较为显著。地温对比试验结果表明，垄作少免耕模式，在春季播种后（玉米出苗期）可以适当提高土壤表层地温，其中，碎秆覆盖保温效果最为明显。而在中耕作业后，外界气温升高以后，垄作少免耕模式又具有降温作用，其中，碎秆覆盖垄作模式的降温效果最为明显。这说明了碎秆覆盖垄作模式能够较好地调节地温，对玉米的出苗、生长和产量都具有非常重要的意义。

六、土壤化学特性研究

传统耕作由于过度耕作导致了土壤养分流失、土壤侵蚀以及土壤生物多样性降低等问题，引起植物残留物和土壤有机质的重新分布，随之改变土壤的化学属性。

2006 年试验田建立时和 2008 年玉米收获后对不同耕作体系下 0 ~ 5cm 和 5 ~ 10cm 两个土层土壤有机质、全氮和全磷进行了测试。

（一）不同耕作体系对 0 ~ 5cm 土壤养分的影响

有机质（表 8 －9）：土壤有机质的分解和积累是鉴别土壤肥力的重要标志。土壤有机质含量高，不仅表明土壤营养元素含量丰富，而且为土壤微生物生命活动提供能源，因此，在调节土壤理化性质、生物性质和土壤肥力等方面都具有重要作用。

在0～5cm土层，土壤有机质含量发生了变化，传统垄作的有机质含量下降了0.11g/kg，而碎秆覆盖、高留茬覆盖和整秆覆盖3种垄作少免耕模式的土壤有机质含量分别提高了0.51g/kg、0.17g/kg和0.39 g/kg。其中，碎秆覆盖垄作模式的土壤有机质增加最多，次之是整秆覆盖模式，与建立试验田时相比分别增加了2.64%和1.97%。

原因分析：农田土壤能够从秸秆渠道获取碳，秸秆、植物残茬分解本身就可以产生简单的有机碳化合物，因此，秸秆还田有利于土壤中的有机质和土壤肥力的增加。另外，大量的耕作会破坏土壤结构，加速土壤中碳的损失。传统垄作模式玉米收获以后，大部分秸秆被人工移走（地表仅留有8cm左右的根茬），只有极少量的秸秆还田，而且在春季播种前的旋耕作业严重破坏了土壤结构。碎秆覆盖垄作模式玉米收获时，使用秸秆还田机将全部秸秆粉碎后均匀地抛撒在地表，作为覆盖物。春季播种时，实施原垄免耕播种，减少了土壤扰动，有利于土壤有机质的增加。整秆覆盖模式下土壤有机质增加的原理与碎秆覆盖模式相似，但是，由于秋季玉米收获后秸秆没有进行任何处理，秸秆腐烂较慢，与土壤混合不充分，致使土壤有机质的增加量低于碎秆覆盖垄作模式；高留茬覆盖模式有机质的增量相对于其他两种垄作少免耕模式幅度较小，这是由于高留茬覆盖模式的留茬高度25cm左右，与碎秆覆盖和整秆覆盖模式相比，秸秆还田量少，土壤从秸秆中获取的碳较少造成的。

表8－9　不同耕作体系试验地0～5cm深度土层土壤有机质、全氮和全磷含量

（单位：g/kg）

项目	处理年份	TL	SCNL	GCNL	ZCNL
有机质	2006	20.25[a]	19.31[a]	19.95[a]	19.84[a]
	2008	20.14[a]	19.82[a]	20.12[a]	20.23[a]
全氮	2006	0.874[a]	0.831[a]	0.847[a]	0.902[a]
	2008	0.873[a]	0.845[a]	0.849[a]	0.912[a]
全磷	2006	0.975[a]	0.984[a]	0.962[a]	0.981[a]
	2008	0.975[a]	0.996[a]	0.969[a]	0.985[a]

注：表中同一列内右上角标有相同的字母表示不同的处理之间不存在显著的差异（$P=0.05$）

全氮（表8－9）：在0～5cm土层，土壤全氮的变化趋势与土壤有机质的变化趋势基本相似，与2006年相比，在2008年传统垄作模式全氮含量减少了0.001g/kg，碎秆覆盖模式玉米增加了0.014g/kg，高留茬模式提高了0.002g/kg，而整秆模式提高了0.01g/kg。由于时间短，增加的效果并不显著。

全磷（表8－9）：在0～5cm土层，传统耕作技术的全磷含量没有发生明显变化，碎秆覆盖、高留茬覆盖和整秆覆盖均有所增加，分别增加了0.012g/kg、0.007 g/kg和0.004 g/kg。

（二）不同耕作体系对5～10cm土层土壤养分的影响

表8－10中是2006年播种前和2008年玉米收获后4种不同垄作处理模式在5～10cm土层的土壤有机质、全氮以及全磷情况，测试结果显示，4种垄作处理模式在5～10cm土层，土壤有机质、全氮和全磷变化不大。这主要是由于试验田建立的时间比较短，不同处理模式对深层土壤的有机质、全氮和全磷影响比较小，需要进一步做长期的田间试验研究。张凤霞等研究结果与本文研究结果相似，与传统垄作相比，垄作留茬免耕作业，土壤有机质增加了0.4%，全氮增加了0.01%。

表8－10　不同耕作体系试验地5～10cm深度土层土壤有机质、全氮和全磷含量

（单位：g/kg）

项目	处理年份	TL	SCNT	GXNT	ZSNT
有机质	2006	12.34[a]	13.84[a]	17.64[a]	14.63[a]
	2008	12.36[a]	13.95[a]	17.71[a]	15.02[a]
全氮	2006	0.647[a]	0.642[a]	0.642[a]	0.645[a]
	2008	0.648[a]	0.643[a]	0.642[a]	0.647[a]
全磷	2006	0.756[a]	0.751[a]	0.754[a]	0.754[a]
	2008	0.755[a]	0.756[a]	0.755[a]	0.756[a]

注：表中同一列内右上角标有相同的字母表示不同的处理之间不存在显著的差异（$P=0.05$）

综上所述，实施垄作少免耕模式以后，在0～5cm和5～10cm两个土层，土壤有机质、全氮和全磷含量均有所增加。其中，0～5cm土层比5～10cm土层的土壤养分增加效果明显。大量研究表明，以“秸秆覆盖”、“免耕少耕”等为核心内容的保护性耕作可以增加土壤有机碳输入量、减少有机质的侵蚀损失、调节土壤有机质转化、增加土壤有机质含量；增加土壤养分输入量、减少土壤养分的侵蚀、挥发和淋洗损失、提高土壤养分含量、增强土壤肥力。在本研究中也发现了相似的变化趋势，但是由于时间短，变化趋势并不明显。

七、不同垄作模式对玉米生长的影响

不同垄作耕作处理模式由于耕作方式和秸秆处理方式等差异，引起了土壤物理、化学特性以及土壤水分和生物群落等的改变，进而可能会影响田间作物的生长以及产量。

（一）对作物出苗的影响

播种 30 天后，分别对 4 种垄作处理模式的出苗情况进行了测试。测试方法：首先每种处理模式在田间按“S”形状随机取 5 点，然后在每一个点所在的行上测 6m 内的玉米苗数，最后取 5 点的平均值，两年（2007 年和 2008 年）的测试结果如表 8－11 所示。

表 8－11　不同处理模式下玉米的出苗情况

年份	项目	处理模式			
		传统垄作	碎秆覆盖	高留茬覆盖	整秆覆盖
2007	苗数（棵）	31.0	33.4	32.8	24.6
	方差	2.65	2.07	1.79	2.61
	变异系数（%）	8.53	6.21	5.45	10.6
2008	苗数（棵）	32.4	34.2	33.8	26.4
	方差	1.82	1.48	1.30	2.30
	变异系数（%）	5.61	4.34	3.86	8.72

从表 8－11 中可以看出，碎秆覆盖、传统垄作和高留茬覆盖 3 种垄作模式出苗情况差别不大（图 8－36），而整秆覆盖垄作模式相对较差。从整秆覆盖垄作模式的变异系数上来看，其变异系数比最大，在两年中分别为 10.6% 和 8.72%，说明了整秆覆盖垄作模式的出苗数量变异性较大，不稳定，这是由于该种模式存在缺苗情况造成的。从总体上来看，2008 年的试验田出苗情况好于 2007 年，这是由于 2008 年的播种后发生了降雨，补充了土壤中的水分，促进了玉米发芽和出苗。

整秆覆盖垄作模式出苗差的主要原因是秋季玉米收获后，整秆留在地表，秸秆覆盖量大，且在播种前不进行任何的秸秆处理。尽管驱动圆盘玉米垄作免耕播种机在玉米秸秆覆盖地具有较好的通过性能，可以有效保证播种作业，使各项播种指标都能够满足农艺要求，但是由于田间秸秆量大，播种

图 8－36　试验田出苗情况

后播种带内存在大量粗大整秆影响了玉米种子的发芽，导致整秆覆盖垄作模式的出苗情况差。传统垄作模式的出苗数量低于碎秆覆盖和高留茬覆盖两种垄作少免耕模式主要是由于传统垄作播种前的整地作业，疏松了地表土壤，水分缺少影响种子发芽和出苗。

（二）不同耕作体系对作物植株的影响

1. 株高的影响

在 2007 年和 2008 年玉米关键生长期测试了不同处理模式下的玉米株高，测试结果如图 8－37 所示。

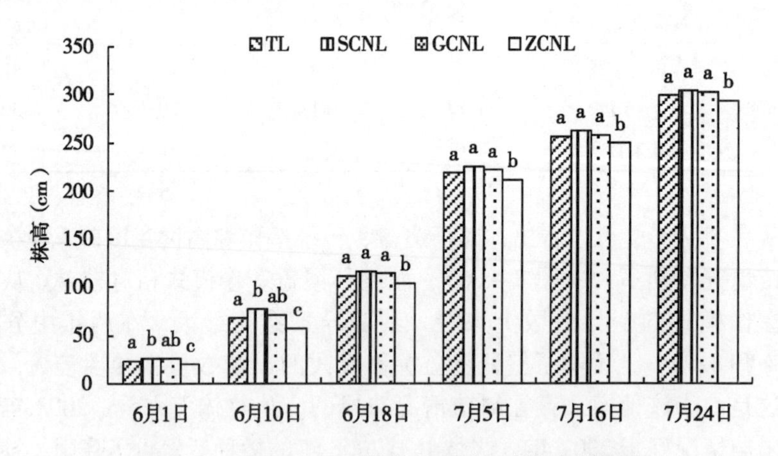

图 8－37　2007 年不同耕作处理对玉米株高的影响

注：图中同一时间内，相同的字母表示不同的处理之间不存在显著的差异（$P=0.05$）

由图 8－38 可以看出，2007 年 4 种垄作处理模式下玉米株高的快速生长期均出现在拔节期（6 月 18 日）至大喇叭口期（7 月 5 日）。各种处理模式下的玉米株高在不同生育时期均存在差异，这种差异在玉米生育期前期随着玉米地生长逐渐增大，进入生育中后期四者差异逐渐减小，这说明玉米垄作免耕对于玉米生长的促进作用主要发生在前期。在苗期（6月1日，4叶期；6月10日，6叶期），碎秆覆盖和高留茬覆盖垄作模式相对传统垄作技术模式分别提高了13.04%和8.70%，其中，碎秆覆盖垄作模式与传统垄作技术模式之间存在显著性差异（$P=0.05$），这主要是由于在玉米播种后两种处理模式之间地温和水分差异较大引起的。在4种垄作处理模式中整秆覆盖垄作模式玉米长势最差，比另外3种垄作处理模式显著降低了21.05%～36.84%，这可能是由于整秆覆盖垄作模式的播种带内存在大量的粗大秸秆和根茬影响了玉米出苗，以至于出现了部分玉米出苗晚或断垄、断带现象。在6叶期，4种处理模式之间玉米秸杆高度仍然存在差异，碎秆覆盖和高留茬覆盖两种垄作模式的玉米株高分别比传统垄作模式高了13.43%和7.46%，碎秆覆盖垄作与传统垄作之间存在显著性差异（$P=0.05$）。而对于整秆覆盖垄作模式来说，其平均株高与其他3种垄作模式相比最低，存在显著性的差异。在拔节期，4种处理模式之间仍然是碎秆覆盖垄作模式的玉米长势最好，其株高比传统垄作高了6.61%，比高留茬覆盖垄作模式高了3.57%，整秆覆盖垄作模式最差。在玉米的大喇叭口期、抽雄期以及开花吐丝期，碎秆覆盖垄作模式玉米株高始终最高，而整秆覆盖垄作模式相对较差。

由图8-38可以看出，2008年4种处理模式玉米株高的快速增长期仍然从拔节期（6月21日）至大喇叭口期（7月9日）。在苗期（6月3日，4叶期；6月12日，6叶期），碎秆覆盖垄作模式的苗情最好，次之为高留茬覆盖垄作和传统垄作模式，但三者之间不存在显著性差异。这是由于试验田播种后第3天（5月31日）发生了一次降雨（降水量为55mm），及时补充了土壤中的水分，但是，由于传统垄作模式的地温较低，导致了其出苗时间稍晚于碎秆覆盖垄作和高留茬覆盖垄作两种模式。而对于整秆覆盖垄作模式来说，播种后播种带上的秸秆和根茬影响了玉米出苗，其苗高仍然最差，与其他3种垄作处理模式相比存在显著性差异（$P=0.05$）。另外，从图8-38中还可以看出，在整个生育期除了整秆覆盖模式由于出苗差，苗高参差不齐，玉米长势明显比其他3种垄作模式差外，传统垄作、碎秆覆盖以及高留茬覆盖3种垄作技术模式的玉米株高没有明显的差别。

2. 干物质积累的影响

在玉米整个生长期内，拔节期的植株地上部分与根系协调情况是考察玉

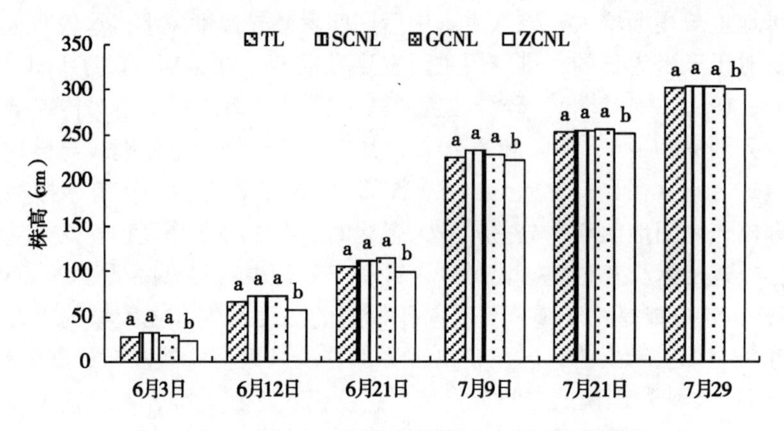

图 8-38　2008 年不同耕作处理对玉米株高的影响

注：图中同一时间内，相同的字母表示不同的处理之间不存在显著的差异（$P=0.05$）

米生育前期好坏的一个重要指标。

从表 8-12 和表 8-13 中可以看出，在玉米拔节期，碎秆覆盖的玉米植株干物质重量最大，其次是高留茬覆盖，传统垄作和整秆覆盖两种垄作模式相对较差。与传统垄作相比，碎秆覆盖提高了 11.8% ~17.7%，高留茬覆盖提高了 11.4% ~11.8%，整秆覆盖模式降低了 6.9% ~8.8%。在玉米乳熟期，不同垄作处理模式下的玉米植株干物质积累量大小依次为碎秆覆盖 > 高留茬覆盖 > 传统垄作 > 整秆覆盖，与传统垄作模式相比，碎秆覆盖提高了 3.3% ~8.1%，高留茬覆盖提高了 2.0% ~3.2%，整秆覆盖降低了 3.3% ~4.5%。经济产量是以生物产量为基础的，也就是说，籽粒的充实来自于强有力的源供应，碎秆覆盖垄作和高留茬两种垄作少免耕模式在生物质量上面的优势将有利于提高玉米的经济产量。

表 8-12　2007 年不同垄作模式下玉米拔节期和乳熟期的干物质积累

（单位：g/株）

处理	拔节期		乳熟期	
	地上部干重	根干重	地上部干重	根干重
TL	20.41 ± 1.81	4.28 ± 0.97	439.66 ± 15.32	50.13 ± 7.31
SCNL	23.35 ± 2.75	5.70 ± 1.91	476.35 ± 21.57	53.12 ± 9.24
GCNL	22.17 ± 2.17	5.34 ± 1.12	456.39 ± 17.33	49.22 ± 9.32
ZCNL	19.00 ± 3.09	3.51 ± 2.21	421.24 ± 36.45	46.37 ± 16.39

表 8－13 2008 年不同垄作模式下玉米拔节期和乳熟期的干物质积累

（单位：g/株）

处理	拔节期		乳熟期	
	地上部干重	根干重	地上部干重	根干重
TL	30.41±2.35	5.78±1.33	453.56±21.36	50.19±7.32
SCNL	33.36±3.31	7.1±1.65	464.44±25.88	56.10±7.93
GCNL	31.76±1.29	6.58±1.59	461.12±27.13	52.46±8.56
ZCNL	28.62±5.34	5.06±2.77	440.52±40.12	46.4±14.99

3. 叶面积指数

叶面积指数不仅能反映作物生长状态，还是计算作物蒸发和干物质累积最重要的生理参数。在 2007 年和 2008 年分别测得了玉米植株在 3 叶期、6 叶期、拔节期、大喇叭口期、抽雄期、开花吐丝期以及乳熟期等主要生长期 4 种不同处理模式的叶面积情况。

从图 8－39 和图 8－40 中可以看出，试验田不同处理模式下玉米叶面积指数在玉米各关键生长期均呈现先升后降的变化趋势，其中，在玉米开花期前后叶面积指数达到最大值。在整个玉米生长过程中碎秆覆盖和高留茬覆盖两种垄作少免耕模式的叶面积指数均略高于传统耕作模式。从整体来说，碎秆覆盖垄作模式在整个玉米生育期的叶面积指数始终保持最高，且在开花期后下降较慢；高留茬覆盖垄作模式的玉米叶面积指数与碎秆覆盖垄作模式差异较小，但其在玉米开花期后期叶面积指数下降速率略高于碎秆覆盖垄作模式。对于传统垄作而言，玉米开花期前期，叶面积指数接近于高留茬覆盖和碎秆覆盖垄作模式，但开花后传统垄作模式的叶面积指数则明显地低于碎秆覆盖和高留茬覆盖两种垄作少免耕模式。大量研究表明，在一定范围内叶面积指数与单位面积产量呈正相关，尤其是在开花后 20～30 天二者呈显著相关。碎秆覆盖和高留茬覆盖两种模式之所以具有较高的叶面积指数，是由于这两种垄作少免耕模式体系下土壤的保水蓄水能力较好。

相似的研究，周苏玫等研究表明，垄作玉米与平作相比，能提高叶面积指数，在玉米生长后期表现出较好的保绿性。

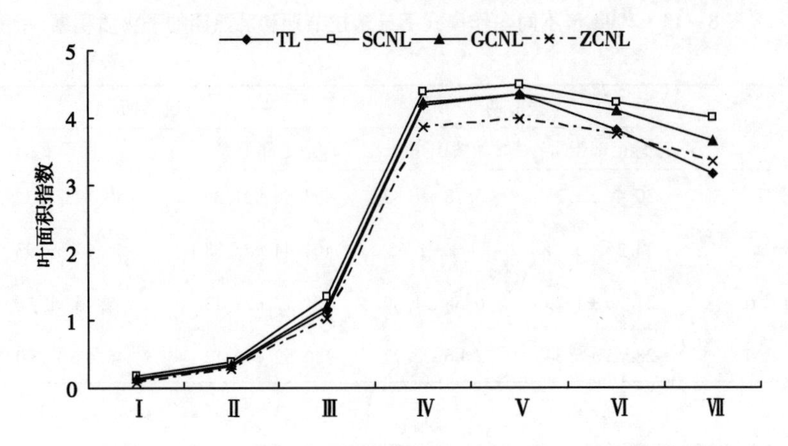

图 8－39　2007 年不同耕作处理模式对玉米单株叶面积指数的影响

Ⅰ. 3 叶期；Ⅱ. 6 叶期；Ⅲ拔节期；Ⅳ. 大喇叭口期；
Ⅴ. 抽雄期；Ⅵ. 开花吐丝期；Ⅶ. 乳熟期

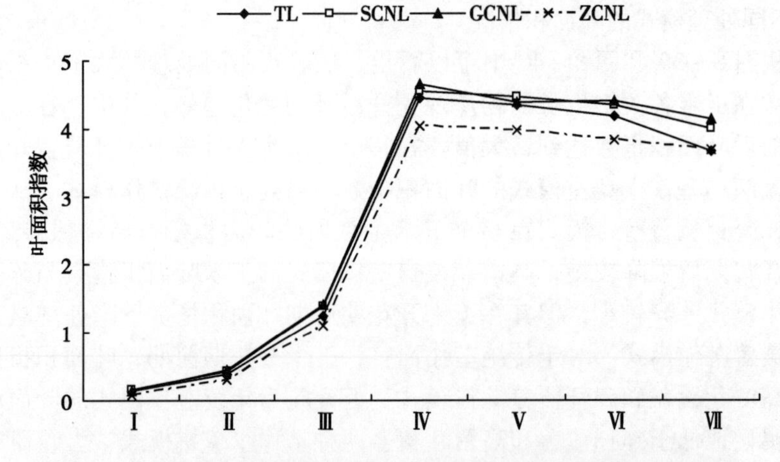

图 8－40　2008 年不同耕作处理模式对玉米单株叶面积指数的影响

Ⅰ. 3 叶期；Ⅱ. 6 叶期；Ⅲ. 拔节期；Ⅳ. 大喇叭口期；
Ⅴ. 抽雄期；Ⅵ. 开花吐丝期；Ⅶ. 乳熟期

八、不同垄作模式对作物产量的影响

不同耕作处理模式下产量及产量构成因素如表 8－14 所示。从 2007 年和 2008 年两年的测量数据可以看出，碎秆覆盖以及高留茬覆盖两种垄作少免耕模式的玉米产量均高于传统垄作，整秆覆盖垄作模式均低于传统垄作。

具体情况分析如下。

表 8－14　不同耕作处理模式对玉米产量及构成因素影响

年份	影响因素（单株）	耕作处理模式			
		传统垄作	碎秆覆盖	高留茬覆盖	整秆覆盖
2007	穗粒数（粒/穗）	616.5	662.5	645	637.8
	百粒重（g）	38.5	39.8	39.5	39.2
	植株密度（棵/hm^2）	65 214	65 987	65 754	59 889
	穗行数（行）	20.1	21.3	21.1	20.8
	平均穗长（cm）	25.3	26.4	26.1	25.8
	平均穗位（cm）	122.1	120.2	121.5	121.9
	穗粗（cm）	5.2	5.62	5.51	5.42
	秃尖长（cm）	2.1	1.23	1.43	1.51
	产量（kg/hm^2）	10 871.6	11 928.0	11 270.1	9 843.0
2008	穗粒数（粒/穗）	645.5	678.3	665.8	658.2
	百粒重（g）	38.8	40.6	39.4	39.6
	植株密度（棵/hm^2）	65 640	66 180	66 315	61 770
	穗行数（行）	21.6	22.3	22.1	22.4
	平均穗长（cm）	26.2	27.2	26.8	26.1
	穗位高（cm）	115.4	112.9	113.4	114.3
	穗粗（cm）	6	6.6	6.2	6.3
	秃尖长（cm）	1.3	0.91	1.08	1.23
	产量（kg/hm^2）	11 337.0	12 003.0	11 833.5	10 821.0

穗粒数：2007 年传统垄作、碎秆覆盖、高留茬覆盖和整秆覆盖 4 种垄作处理模式的平均有效穗粒数分别为 616.5 粒/穗、662.5 粒/穗、645 粒/穗和 637.8 粒/穗。与传统垄作相比，3 种垄作少免耕模式的平均穗粒数增加了 3.46% ~7.46%，不存在显著性差异（$P=0.05$），其中，碎秆覆盖垄作模式最高，高留茬垄作模式次之。2008 年传统垄作、碎秆覆盖、高留茬覆盖和整秆覆盖 4 种垄作处理模式的平均有效穗粒数分别为 645.5 粒/穗、678.3 粒/穗、665.8 粒/穗和 658.2 粒/穗，其中，碎秆覆盖垄作模式的平均穗粒数最高，传统覆盖垄作模式的最低，与传统垄作相比，3 种垄作少免耕模式的平均穗粒数增加了 1.97% ~5.08%，不存在显著性差异（$P=0.05$）。

百粒重：2007 年和 2008 年两年百粒重的测量结果显示，传统垄作、碎秆覆盖垄作、高留茬覆盖垄作和整秆覆盖垄作 4 种处理模式的百粒重分别是

38. 5g、39. 8g、39. 5g、39. 2g 和 38. 8g、40. 6g、39. 4g、39. 6g，其中，碎秆覆盖垄作模式的百粒重最高，传统垄作模式的百粒重最低。

植株密度：从两年的玉米植株数量上来看，整秆覆盖垄作模式下的植株数量均显著低于其他 3 种处理模式，而其他 3 种处理模式之间的玉米植株数量没有明显差别。

穗行数：两年内不同垄作处理模式的穗行数结果显示，3 种垄作少免耕模式的穗行数均略高于传统垄作，其中碎秆覆盖垄作模式的最高。

平均穗长：不同处理模式下的平均穗长对比结果显示，碎秆覆盖垄作模式的平均穗长最长，两年的平均穗长分别是 26. 4cm 和 27. 2cm，传统垄作的最短，两年的平均穗长分别是 25. 3cm 和 26. 2cm。这是由于在玉米生长期内，碎秆覆盖模式下土壤具有较高的水分和合适的温度适合玉米的生长，特别是在玉米开花期后，充足的水分供应，保证了乳熟期玉米的长势。

平均穗位：4 种处理模式中，碎秆覆盖垄作模式的穗位最低，分别为 120. 2cm 和 112. 9cm；传统垄作模式的平均穗位分别是 122. 1cm 和 115. 4cm；高留茬覆盖垄作模式的穗位分别是 121. 5cm 和 113. 4cm；整秆覆盖垄作模式的穗位分别是 121. 9cm 和 114. 3cm。从总体上看 4 种处理模式的穗位差别不明显。

穗粗：2007 年，碎秆覆盖、高留茬覆盖以及整秆覆盖 3 种垄作少免耕模式与传统垄作相比，穗粗分别增加了 8. 08%、5. 96% 和 4. 23%。在 2008 年，与传统垄作相比，碎秆覆盖、高留茬覆盖以及整秆覆盖 3 种垄作少免耕模式的穗粗分别增加了 5. 52%、3. 45% 和 2. 24%。其中，碎秆覆盖垄作模式最粗，高留茬覆盖模式次之。

秃尖长：4 种垄作处理模式中，碎秆覆盖垄作模式秃尖长度最短，传统垄作模式的秃尖长度最长。在两年之中，碎秆覆盖、高留茬覆盖以及整秆覆盖 3 种垄作少免耕模式与传统垄作相比的秃尖长度分别缩短了 4. 14% ~ 24. 17%、3. 19% ~10% 和 4. 17% ~5. 38%。

产量：2007 年的产量数据显示，碎秆覆盖与高留茬覆盖两种垄作模式比传统垄作分别增产了 9. 72% 和 3. 67%，整秆覆盖垄作模式比传统垄作模式减产了 9. 46%；2008 年的产量数据显示，碎秆覆盖与高留茬覆盖两种垄作模式比传统垄作分别增产了 5. 87% 和 4. 38%，整秆覆盖垄作模式比传统垄作模式减产了 4. 55%。

碎秆覆盖和高留茬覆盖两种垄作少免耕模式的产量均高于传统垄作模式，这是由于碎秆覆盖和高留茬覆盖两种垄作模式具有较高百粒重以及较好植株密度的结果。而对于整秆覆盖垄作模式来说，产量低主要是由于其较差的出苗造成的。

九、不同处理模式的经济效益

（一）试验田不同耕作方式作业工序

1. 传统垄作

机械翻耕、起垄—玉米播种、施肥—喷洒除草剂—中耕追肥、起垄—人工采摘玉米—人工移除秸秆（留茬高度 8cm 左右）。

2. 碎秆覆盖垄作

免耕垄作播种机原垄施肥播种—喷洒除草剂—中耕追肥、修垄—玉米联合收获机收获（秸秆还田）。

3. 高留茬覆盖

免耕垄作播种机原垄施肥播种—喷洒除草剂—中耕追肥、修垄—人工摘穗—人工移除秸秆（留茬高度 25cm 左右）。

4. 整秆覆盖

免耕垄作播种机原垄施肥播种—喷洒除草剂—中耕追肥、修垄—人工摘穗。

（二）机械作业成本分析

表 8－15 中列出了不同耕作模式下的机械作业成本情况，结果显示，与传统耕作模式相比，3 种垄作少免耕模式均降低了机械作业成本，其中，碎秆覆盖垄作模式降低了 29.4%，高留茬免耕播种模式降低了 23.5%，而整秆覆盖模式降低了 35.29%。

表 8－15　不同播种模式的作业成本对比

模式	收获与秸秆粉碎（元/hm^2）	秸秆运输（元/hm^2）	整地起垄（元/hm^2）	播种（元/hm^2）	中耕（元/hm^2）	总费用（元/hm^2）	比较（元/hm^2）
传统模式	525	150	300	150	150	1 275	0
碎秆覆盖	600	0	0	150	150	900	－375
高留茬	525	150	0	150	150	975	－300
整秆覆盖	525	0	0	150	150	825	－450

3 种垄作少免耕播种模式能够降低机械作业成本，对于我国农民收入相对较低这一现实，此项成本的节约，对收入影响很大，可视为增加了农民收入。

（三）非机械作业成本分析

非机械作业成本主要包括人力、种子、化肥和除草剂等，分别对传统垄作、碎秆覆盖、高留茬覆盖和整秆覆盖4种垄作模式的非机械作业成本进行了对比，结果如下。

1. 传统垄作

（1）2007年的情况

玉米：品种为丹玉301号，播种量为33.75kg/hm^2，种子单价为7.2元/kg，种子投入为243元/hm^2。

肥料：播种时，所施化肥为：复混肥料（总养分N：27% + P_2O_5：16% + K_2O：9%），施肥量为525kg/hm^2，单价为2.56元/kg，肥料投入为1 344元/hm^2。中耕时，所施化肥为：尿素，施肥量为225kg/hm^2，单价为1.8元/kg，肥料投入为405元/hm^2。

除草剂：75元/hm^2。

人工：主要包括喷药和田间管理的人工费用，为240元/hm^2。

（2）2008年的情况

玉米：品种为奥龙6号，播种量为30kg/hm^2，种子单价为8.6元/kg，种子投入为258元/ hm^2。

肥料：播种时，所施化肥为：尿素，施肥量为530kg/hm^2，单价为2.2元/kg，肥料投入为1 166元/hm^2。中耕时，所施化肥为：尿素，施肥量为220kg/hm^2，单价为1.8元/kg，肥料投入为396元/hm^2。

除草剂：80元/hm^2。

人工：主要包括喷药和田间管理的人工费用，为240元/hm^2。

2. 垄作少免耕模式

（1）2007年的情况

玉米：品种为丹玉301号，播种量为33.75kg/hm^2，种子单价为7.2元/kg，种子投入为243元/hm^2。

肥料：播种时，所施化肥为复混肥料（总养分N：27% + P_2O_5：16% + K_2O：9%），施肥量为525kg/hm^2，单价为2.56元/kg，肥料投入为1 344元/hm^2。中耕时，所施化肥为尿素，施肥量为225kg/hm^2，单价为1.8元/kg，肥料投入为405元/hm^2。

除草剂：80元/hm^2。

人工：主要包括喷药和田间管理的人工费用，为260元/hm^2。

（2）2008 年的情况

玉米：品种为奥龙 6 号，播种量为 30kg/hm^2，种子单价为 8.6 元/kg，种子投入为 258 元/hm^2。

肥料：播种时，所施化肥为：尿素，施肥量为 530kg/hm^2，单价为 2.2 元/kg，肥料投入为 1 166元/hm^2。中耕时，所施化肥为：尿素，施肥量为 220kg/hm^2，单价为 1.8 元/kg，肥料投入为 396 元/hm^2。

除草剂：86 元/hm^2。

人工：主要包括喷药和田间管理的人工费用，为 265 元/hm^2。

（四）不同处理模式的生产效益分析（表 8－16）

表 8－16　不同耕作处理模式下经济效益对比

项目		传统垄作	碎秆覆盖	高留茬覆盖	整秆覆盖
投入	种子（元/hm^2）	250.5	250.5	250.5	250.5
	化肥（元/hm^2）	1 665.5	1 665.5	1 665.5	1 665.5
	除草剂（元/hm^2）	80	83	83	83
	人工费（元/hm^2）	240	262.5	262.5	262.5
	机械作业（元/hm^2）	1 275	900	975	825
	总计（元/hm^2）	3 511	3 161.5	3 236.5	3 086.5
产出	产量（元/hm^2）	11 104.3	11 965.5	11 551.8	10 332
	单价（元/kg）	1.24	1.24	1.24	1.24
	收入（元）	13 769.3	14 837.2	14 324.2	12 811.7
纯收入		10 258.33	11 675.72	11 087.73	9 725.18
产投比		3.9	4.7	4.4	4.2

注：a. 投入中不包括管理费用，产出中不包括秸秆的价值；
b. 产量为 2007 年和 2008 年玉米的平均产量

从投入来看，传统垄作、碎秆覆盖、高留茬覆盖和整秆覆盖 4 种垄作模式的机械作业成本分别为 1 275 元/hm^2、900 元/hm^2、975 元/hm^2 和 825 元/hm^2。其中，整秆覆盖垄作模式由于减少了播前的整地作业和秸秆运输，机械作业成本最低，比传统垄作模式降低了 35.3%。碎秆覆盖垄作模式减少了春播前的整地作业和秸秆运输，增加了秸秆粉碎作业，机械作业成本略高于整秆覆盖垄作模式，比传统垄作降低了 29.4%。高留茬覆盖垄作减少了春季播前的整地作业，增加了秸秆运输，比传统垄作降低了 23.5%。

传统垄作、碎秆覆盖、高留茬覆盖和整秆覆盖4种垄作模式的非机械作业成本分别为2 236元/hm^2、2 261.5元/hm^2、2 261.5元/hm^2和2 261.5元/hm^2，3种垄作少免耕模式均略高于传统垄作。综合比较机械和非机械作业成本，传统垄作、碎秆覆盖、高留茬覆盖和整秆覆盖垄作4种垄作模式的总投入分别为3 511元/hm^2、3 161.5元/hm^2、3 236.5元/hm^2和3 086.5元/hm^2，传统垄作模式的投入最高，3种垄作少免耕模式的总投入比传统垄作降低了7.8%~12.1%。

从产出来看，传统垄作、碎秆覆盖、高留茬覆盖和整秆覆盖4种垄作模式的收入分别是13 769.3元/hm^2、14 837.2元/hm^2、14 324.2元/hm^2和12 811.7元/hm^2。碎秆覆盖垄作模式最高，高留茬覆盖次之。

从纯收入来看，传统垄作、碎秆覆盖、高留茬覆盖和整秆覆盖4种垄作模式的纯收入分别是10 258.33元/hm^2、11 675.72元/hm^2、11 087.73元/hm^2和9 725.18元/hm^2。其中，碎秆覆盖垄作模式的最高，整秆覆盖垄作模式的最低。

从产投比来看，碎秆覆盖垄作模式最高为4.7，次之为高留茬覆盖为4.4，整秆覆盖为4.2，传统垄作最低为3.9。

碎秆覆盖和高留茬覆盖两种垄作少免耕模式由于较低作业成本和较高产出，二者的经济效益要明显好于传统垄作模式。而整秆覆盖垄作模式的机械作业成本虽然最低，但是其产量明显低于其他3种垄作模式，因此，其经济效益在4种垄作模式中是最低的。从经济效益和产投比两个方面来看，4种垄作模式中碎秆覆盖垄作模式为最佳耕作模式，其次为高留茬覆盖垄作模式。

十、不同处理模式的水分利用效率

（一）水分利用效率和耗水系数的计算

作物蒸发蒸腾量采用土壤水分平衡公式计算，方程如下：

$$ET = W_b - W_e + P + I + G_s + S_s - G_r - S_r - R \quad (8-1)$$

式中：

ET—时段内作物蒸发蒸腾量；

W_b—时段开始时根区中的土壤储水量；

W_e—时段结束时根区中的土壤储水量；

P—时段内的总降水量；

I—时段内灌水总量；

G_s —时段内地下水对作物耗水的补给量；

S_s —时段内侧向补给量；

G_r —时段内区域深层渗漏量；

S_r —时段内侧向渗漏量；

R —时段内测定区域的地面径流量。

苏家屯试验区地下水平均埋深65m，所以，忽略地下水对作物耗水的补给量 G_s；另外，苏家屯试验区整个生育期内均没实施灌溉，因此，灌水总量 I 可以忽略；试验地较为平整，且2007年、2008年两年玉米整个生育期内最大连续降水量为67 mm，地表径流 R 相对较小，可以忽略。于是作物蒸发蒸腾量方程可以简写如下：

$$ET = W_b - W_e + P \quad (8-2)$$

土壤蓄水量的减少量由下式求得：

$$\Delta W = W_b - W_e = \sum_{i=1}^{n}(W_{bi} - W_{ei}) \quad (8-3)$$

式中：

i —土壤层次号数；

n —土壤层次总数目。

试验时测定的土壤含水率为每10cm层次的体积含水率，苏家屯区的测定深度分别为100cm，因此 n 取为10。

水分利用效率用式6-4计算：

$$WUE = Y/ET \quad (8-4)$$

式中：

WUE —水分利用效率；

Y —经济产量；

ET —作物蒸发蒸腾量。

耗水系数用式6-5计算：

$$K = ET/Y \quad (8-5)$$

式中：

K —耗水系数；

Y —经济产量；

ET —作物蒸发蒸腾量。

（二）水分利用效率

水分利用效率的差异反映作物物质生产与水分消耗之间关系的指标，水分利用效率的高低受作物自身特性与环境条件的制约，提高水分利用效率可以从生理和生态两个方面入手。高的水分利用效率表示作物可以更好地利用田间土壤水分。

表8-17是2007年和2008年两年内不同耕作处理模式下玉米的水分利用效率情况。从表中可以看出，在两年内，由于垄作少免耕模式采用秸秆覆盖、免耕等处理方式，减少了土壤水分蒸发的面积和无效蒸发，增强了土壤的通透性能，促进了作物根系的生长，但是由于整秆覆盖垄作模式的出苗率较差，影响了玉米的产量，因而只有碎秆覆盖和高留茬覆盖两种垄作模式相应地提高了水分的利用效率。其中，传统垄作、碎秆覆盖、高留茬覆盖以及整秆覆盖4种垄作处理模式的平均水分利用效率分别是21.253kg/（hm^2·mm）、22.596kg/（hm^2·mm）、22.109kg/（hm^2·mm）、19.805 kg/（hm^2·mm）。碎秆覆盖垄作模式的水分利用效率最高，整秆覆盖垄作模式的最低。与传统垄作模式相比，碎秆覆盖垄作模式的水分利用效率提高了4.93%～7.62%，高留茬模式的水分利用效率提高了2.25%～5.93%，而整秆覆盖垄作模式的水分利用效率降低了2.95%～10.43%。在辽宁垄作区垄作少免耕处理模式增加了土壤中水分含量，有利于提高水分利用效率，对提高作物的抗旱能力具有重要意义。

表8-17 不同处理模式玉米水分利用效率和耗水系数

年份	处理	P (mm)	△W (mm)	ET (mm)	Y (kg/hm^2)	WUE [$kg/(hm^2 \cdot mm)$]	K (mm/kg)
2007	TL	512	-16.19	495.81	10 871.6	21.92695[a]	0.045606
	SCNL	512	-6.52	505.48	11 928	23.59737[b]	0.042378
	GCNL	512	-9.33	502.67	11 270.1	22.42047[ab]	0.044602
	ZCNL	512	-10.79	501.21	9 843	19.63847[c]	0.05092
2008	TL	567	-16.1	550.9	11 337	20.57905[a]	0.048593
	SCNL	567	-11.15	555.85	12 003	21.59396[a]	0.046309
	GCNL	567	-24.14	542.86	11 833.5	21.79844[a]	0.045875
	ZCNL	567	-25.17	541.83	10 821	19.97121[b]	0.050072

注：表中同一列内右上角标有相同的字母表示不同的处理之间不存在显著的差异（P=0.05）

第九章　黑龙江垄作保护性耕作研究

一、研究背景

黑龙江省位于欧亚大陆东部、太平洋西岸、中国最东北部，气候为温带大陆性季风气候。从1961~1990年30年的平均状况看，全省年平均气温多在-5~5℃，由南向北降低，大致以嫩江、伊春一线为0℃等值线。≥10℃积温在1 800~2 800℃，平原地区每增高1个纬度，积温减少100℃左右；山区每升高100m，积温减少100~170℃。无霜冻期全省平均介于100~150天，南部和东部在140~150天。大部分地区初霜冻在9月下旬出现，终霜冻在4月下旬至5月上旬结束。年降水量全省多介于400~650mm，中部山区多，东部次之，西部、北部少。在一年内，生长季降水为全年总量的83%~94%。降水资源比较稳定，尤其夏季变率小，一般为21%~35%。全省年日照时数多在2 400~2 800h，其中，生长季日照时数占总时数的44%~48%，西多东少。本省太阳辐射资源比较丰富，与长江中下游相当，年太阳辐射总量在（44~50）×10^8J/m^2。太阳辐射的时空分布特点是南多北少，夏季最多，冬季最少，生长季的辐射总量占全年的55%~60%。年平均风速多为2~4m/s，春季风速最大，西南部大风口数最多，风能资源丰富。

黑龙江省土地条件居全国之首，总耕地面积和可开发的土地后备资源均占全国十分之一以上，人均耕地和农民人均经营耕地是全国平均水平的3倍左右。全省现有耕地990.5万hm^2，土壤有机质含量高于全国其他地区，黑土、黑钙土和草甸土等占耕地的60%以上，是世界著名的三大黑土带之一。黑龙江省盛产大豆、小麦、玉米、马铃薯、水稻等粮食作物以及甜菜、亚麻、烤烟等经济作物。全省草原面积约433万hm^2、草质优良、营养价值高，适于发展畜牧业。其中松嫩草场是世界三大羊草地之一。

二、试验区基本情况与试验设计

（一）试验区基本情况

兰西县位于黑龙江省中南部，南距省会哈尔滨市67km，地理坐标为东经126°22′12″~126°28′6″，北纬46°12′57″~46°18′2″。全县地势呈东南西北走向，中部高两侧低，小兴安岭余脉拉哈山从中部纵贯县境109km，呼兰河在拉哈山东侧向南流经县境131km。

兰西县地处中高纬度，属大陆性季风，夏季短促，酷热而雨量集中；春季风多且强而少雨；秋季凉爽而晴朗。年平均气温2.9℃，最高气温37.6℃，最低气温零下39℃。年≥10℃活动积温2 760℃，最高的1982年为3 089℃，最低的1987年为2 449℃。年平均降水量446mm，最高年份1987年681.9mm，最低年份1967年328mm。年平均日照时数为2 713h，5~9月份作物生产期日照时数为1 269h，占全年日照时数的49%。历年平均初霜期为9月23日，最早为9月16日，最晚是10月7日。历年平均无霜期为130天，全年结冻期为183天。土壤冻层深度190cm，10月冻结，4月下旬解冻。

全县地型属河谷漫滩地，地势平坦。全县分为3个明显的地貌单元，即呼兰河东部河谷平原，中部拉哈岗台地，西部漫岗平原。全县辖区面积2 499km²，耕地面积13.1万hm²。林地面积3.4万hm²，牧业用地2.93万hm²，水域面积0.87万hm²。土壤类型主要是黑土、黑钙土和草甸土，土质比较肥沃。土地利用总体规划于2000年7月通过绥化行署审核批复实施，规划期为1997~2010年，共划定基本农田2 231 907亩，基本农田保护率为85.55%。全县土地总体规划中耕减少指标为44 295亩，其中，建设用地9 300亩，灾毁10 000亩，还林25 000亩；开发整理补充耕地指标为1 000hm²。截至2003年年末，全县各类建设共占用耕地1 153.3亩，剩余指标8 146.5亩，全县共开发补充耕地10 410亩，耕地的“占用”和“补充”实现了超平衡。

泥河水库位于兰西县境内，蓄水量7 000万m³，呼兰河年过境水34.9亿m³。全县地下水资源理论贮量为6.5亿m³。全县有小水库8座，塘坝34座，蓄水池340个，抗旱井658眼，中井4 500眼。全县有两大涝区，西北涝区46.95万亩，河东涝区55.5万亩，涝区工程标准达到了10年一遇。

兰西县是典型农业县，主要农作物有玉米、大豆、水稻、亚麻、瓜菜等。粮食生产在农业发展中一直处在重要位置，年种植面积占总播种面积的

60%以上，总产量一度突破5亿kg大关。曾获全国产粮百强县，1996年全国粮食生产先进县荣誉。近几年，本县农业生产连年受灾，特别是2003年洪涝灾害，农作物受灾达106万亩，其中绝产34万亩，但本县粮食总产仍实现2.8亿kg。2003年全县国内生产总值、全口径财政收入、农民人均纯收入和城镇居民人均可支配收入分别实现9.05亿元、7 456万元、1 096元和2 234元。

（二）试验设计

1. 垄作玉米产区保护性耕作模式（一深两免一覆模式）

保护性耕作一深两免一覆模式：

三年中一年深松倒垄，两年免除耕作进行免耕播种，三年中至少有一年秸秆还田覆盖。

本模式采用三年一个轮作周期，其主要技术路线如图9-1所示。

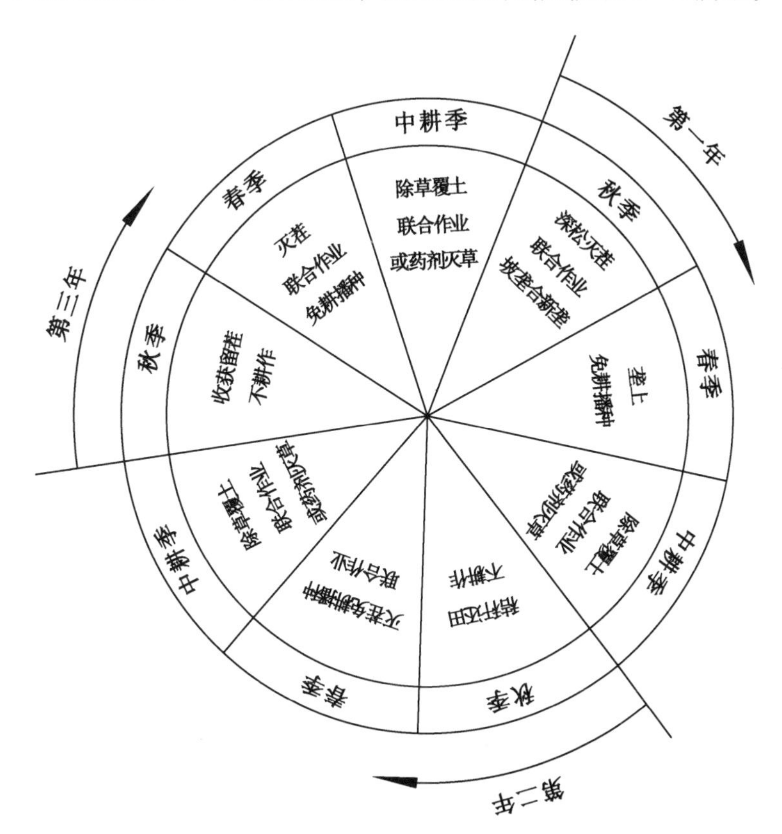

图9-1　玉米产区三年周期性耕作循环图

第一年：

秋季：秸秆、根茬粉碎还田；垄沟深松—破垄—合新垄。

春季：垄上免耕播种施肥。药剂除草。中耕时可配合锄草扶土作业。

秋季：玉米收获机收获、留茬、秸秆还田覆盖。

第二年：

春季：垄上灭茬免耕联合作业，药剂灭草免中耕。

秋季：玉米收获机收获、留茬。

第三年：

春季：在第二年的垄台上免耕播种施肥；药剂灭草免中耕（或机械除草、培土）。

秋季：根茬粉碎还田；垄沟深松—破垄—合新垄。

2. 垄作杂粮产区保护性耕作模式（一深两免一覆模式）

本模式采用三年一个轮作周期，主要技术路线如图 9-2 所示。

第一年：

秋季：秸秆、根茬粉碎还田；垄沟深松—破垄—合新垄。

春季：垄上免耕播种大豆。药剂除草。中耕时可配合锄草覆土作业。

秋季：大豆收获机收获、留茬、秸秆还田覆盖不耕作。

第二年：

春季：免耕播种玉米施肥。药剂灭草免中耕。

秋季：玉米收获机收获、留茬。

第三年：

春季：采用灭茬播种联合作业。免耕播种玉米施肥；药剂灭草免中耕（或机械除草、培土）。

秋季：根茬粉碎还田；垄沟深松—破垄—合新垄，来年种植大豆或杂粮。

（三）垄作保护性耕作试验田结果分析

兰西县依托国家“十一五”项目进行了 3 年田间对比试验。通过试验数据证明，垄作保护性耕作与传统垄作耕作相比具有以下几个特点。

1. 不同土层深度的含水量都略高于传统耕作

从表 9-1 中可以看出，在玉米的生长发育的关键时期（播前、苗期、拔节、抽雄期、灌浆期、收获），免耕覆盖条件下的不同土层深度的含水量都略高于传统耕作条件下的含水量，说明免耕覆盖具有良好的保墒作用，对玉米的生长十分有利。随着实施年限的增加，保墒效果会更加显著。

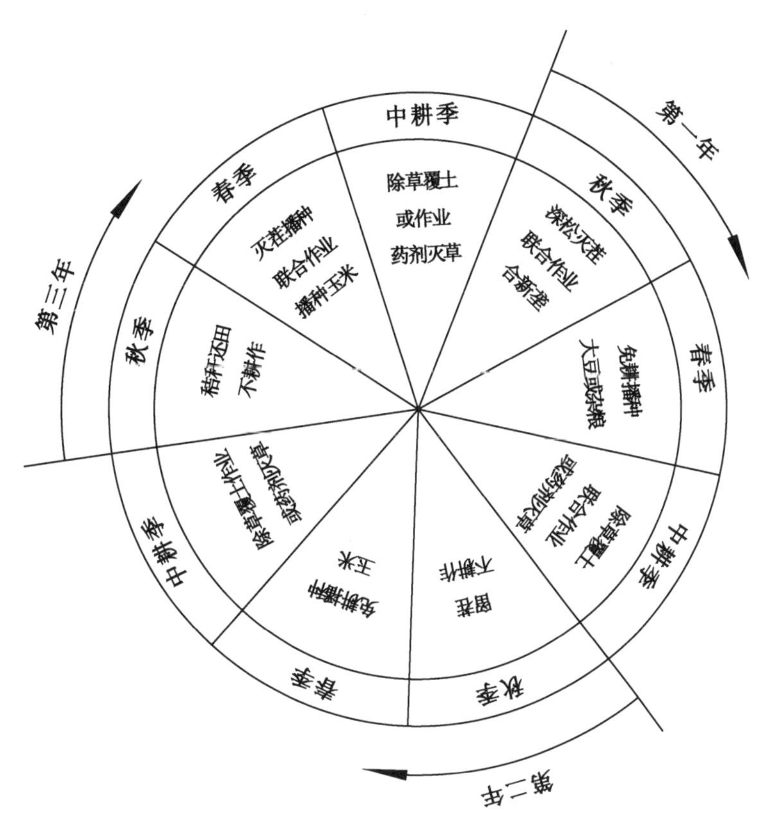

图 9－2　杂粮产区三年周期保护性耕作循环图

表 9－1　不同耕作处理对土壤含水量的影响（%）

日期	0～5cm		5～10cm		10～15cm		15～20cm		20～25cm	
	传统	免耕	传统	免耕	传统	免耕	传统	免耕	传统	免耕
4 月 24 日	23.2	23.4	23.5	23.8	27.3	30.5	28.6	32.1	29.9	32.5
6 月 2 日	25.6	26.2	26.3	27.1	28.6	29.5	29.2	31.2	30.8	31.4
7 月 10 日	15.2	16.0	19.2	19.9	22.3	23.8	24.2	24.6	22.5	22.9
8 月 4 日	18.6	19.2	18.7	19.6	20.0	20.2	20.0	20.3	20.8	21.9
8 月 28 日	17.9	18.4	18.9	20.6	21.5	22.7	22.6	24.2	25.2	26.1
9 月 25 日	15.8	16.2	17.9	18.3	18.0	18.5	21.5	22.6	25.7	26.3

2. 土壤温度

垄作保护性耕作处理下玉米各生育期的各层次平均地温在 8:00 比传统

耕作高，而在14:00和20:00比传统耕作低（表9－2）。可以稳定土壤温度，有效缓解气温激变对作物的伤害。

本试验采用曲管地温计法，测定了免耕覆盖和传统耕作条件下土壤地表、5cm、10 cm、15 cm、20 cm、25 cm的温度，测定时期包括玉米生长的苗期、拔节期、抽雄期、灌浆期和收获期。每次测定连续进行5天，每天分别在8:00、14:00和20:00测定。表5是将连续5天测得的数据平均后所得的温度。从表中可知免耕秸秆覆盖处理下的玉米各生育期的各层次平均地温在8:00比传统耕作高，而在14:00和20:00比传统耕作低。传统耕作处理在白天随气温的升高，土壤温度提升快，14:00以后土壤温度回落也快；而免耕秸秆覆盖8:00～14:00土壤温度提升慢，14:00以后土壤温度回落也慢。总之，覆盖免耕秸秆可以稳定土壤温度，白天升温较慢，下午至夜间降温更慢，能有效缓解气温激变对作物的伤害。

表9－2　免耕覆盖和传统耕作下土壤不同深度温度变化情况（℃）

测定日期及时间（2007年）		免耕覆盖						传统耕作					
		0cm	5cm	10cm	15cm	20cm	25cm	0cm	5cm	10cm	15cm	20cm	25cm
6月1～5日	8:00	25	18	15.5	14.5	13.5	13	24.5	16	15	14	13	12.5
	14:00	28	21	19	17.5	15	13	33	24	21	19	16	14
	20:00	21	20	18.5	18	16.5	15	27	22	20.5	19	17	16
7月11～15日	8:00	24	23	21.2	20.3	20	19	23	22	21	19	18.2	18
	14:00	34	26	24	23	21	20	36	27	25	24	22	21
	20:00	22	23	22.4	21	19.5	19	26	24	23	22	21	20
8月2～6日	8:00	22	20	19.2	19	18	17	21	19.5	18.6	18.4	17.3	16.5
	14:00	30	28	27	26	25	22	31	29	28.5	25.7	24.6	21
	20:00	17	24	22	21	20	17.5	19	24.2	23	22	21	18
8月30日至9月4日	8:00	17	16	15.2	14.2	14	12.5	16	15.1	15	14	13.5	13
	14:00	22	20	18.5	18	16.5	16.8	24	21	19.1	19	17	16
	20:00	17	16	15.4	15.2	14	13.8	18	17	16	15.5	15	14.6
9月28日至10月2日	8:00	15	14	13.2	13	12	11	16	15	12	11	10.1	10
	14:00	25	24	20	18.5	16	15.5	26	25	22	19	17	16
	20:00	16	15	14.1	13	12	10	18	17	16	15	14	13

3. 株高

从表9－3可以看出，在玉米的主要生育时期，只有苗期的株高之间差异显著，而其他时期的株高之间差异不显著，主要原因为此时秸秆分解的很少，秸秆中的N、P、K及微量元素尚未完全释放出来，因此，对玉米生长的促进作用还不是很明显，到了玉米以后的生长时期，玉米秸秆中的各种养分都陆续释放出来了，有利于玉米的生长，因此，免耕覆盖和传统耕作处理的株高之间差异不显著。

表9－3　免耕覆盖和传统耕作对玉米主要生育时期株高（cm）的差异

处理	苗期	$P_{0.05}$	$P_{0.01}$	拔节期	$P_{0.05}$	$P_{0.01}$
免耕覆盖	16.2	a	A	53	a	A
传统耕作	20.6	b	A	54	a	A
处理	抽雄	$P_{0.05}$	$P_{0.01}$	灌浆期	$P_{0.05}$	$P_{0.01}$
免耕覆盖	251	a	A	266	a	A
传统耕作	244	a	A	259	a	A

4. 玉米主要生育时期，地上干物质积累情况

干物质是产量形成的物质基础，在一定范围内，干物质积累越多，籽粒产量也就越高；从表9－4看出，在玉米的主要生育时期，免耕覆盖和传统耕作对玉米主要生育时期地上干物质积累的差异不显著，从而说明免耕覆盖栽培措施的可行性。

表9－4　免耕覆盖和传统耕作对玉米主要生育时期地上干物质（g）的差异

处理	苗期	$P_{0.05}$	$P_{0.01}$	拔节期	$P_{0.05}$	$P_{0.01}$
免耕覆盖	0.242	a	A	26.3	a	A
传统耕作	0.259	a	A	25.6	a	A
处理	抽雄	$P_{0.05}$	$P_{0.01}$	灌浆期	$P_{0.05}$	$P_{0.01}$
免耕覆盖	260	a	A	320	a	A
传统耕作	253	a	A	311	a	A

5. 叶面积指数

传统耕作和免耕覆盖玉米叶面积指数前期上升较快，传统耕作玉米叶面积指数比免耕覆盖栽培方式略大；但在生育后期免耕覆盖较传统耕作玉米叶面积指数下降得慢。

在苗期后，每隔半个月对玉米叶面积指数进行一次测定，结果表明：传统耕作和免耕覆盖玉米叶面积指数前期上升较快，传统耕作玉米叶面积指数比免耕覆盖栽培方式略大；但在生育后期免耕覆盖较传统耕作玉米叶面积指数下降得慢，维持较高水平的时间相对较长（图9－3），这就是免耕覆盖栽培方式易取得丰产的原因之一。

6. 产量构成因素

免耕覆盖较传统耕作栽培方式玉米穗部性状一样整齐，群体质量较传统

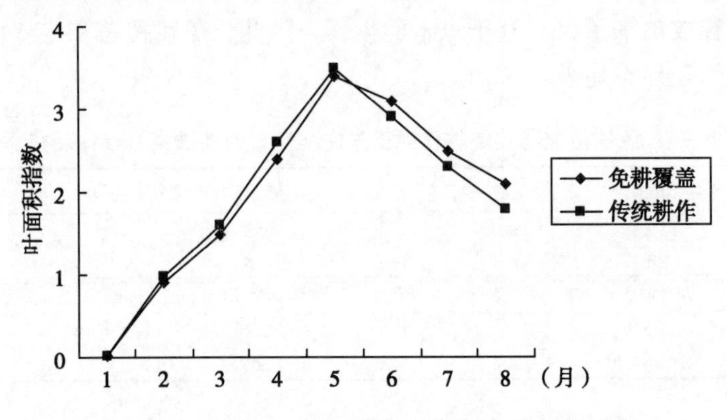

图 9-3 免耕覆盖和传统耕作对玉米叶面积指数的影响

耕作方式略好。在玉米成熟期时5点取样，每点连续10穗收获风干，进行室内考种。从表9-5中可以看出，传统耕作和免耕覆盖的玉米穗部性状差异不大，这些说明免耕覆盖较传统耕作栽培方式玉米穗部性状一样整齐，群体质量较好，这也是丰产长势长相的重要指标之一。

表 9-5 免耕覆盖和传统耕作对玉米穗部性状的影响

项目	穗位（cm）	穗长（cm）	穗行数	穗粗（cm）	秃长（cm）	穗粒重（g）	百粒重（g）
免耕覆盖	78	26.0	16	5.2	1.5	288.3	40.3
传统耕作	79	25.2	16	5.2	1.6	279.5	39.4

7. 增产效果

免耕覆盖的玉米比传统耕作条件下的产量表现为增产，增产幅度为：2007年增产4%（表9-6）。2008年增产11%（表9-7）。

收获时，免耕覆盖和传统耕作处理下的试验田各选5点，每点取3m^2取样测得单位面积穗数、每穗实粒数和粒重，计算出产量。可以看出：免耕覆盖的玉米比传统耕作条件下的产量表现为增产，2007年增产幅度为4%，2008年增产幅度为11%。免耕覆盖增产源于每穗粒数和百粒重都较传统耕作有所增加所致。

表 9-6 免耕覆盖和传统耕作对玉米产量及产量构成因素的影响（2007年）

项目	穗数（穗/亩）	穗粒数	百粒重（g）	产量（kg/亩）
免耕覆盖	2 800	608	40.3	686.1
传统耕作	2 800	596	39.4	657.5

表 9－7　免耕覆盖和传统耕作对玉米产量及产量构成因素的影响（2008 年）

项目	平均株高（cm）	穗粒（cm）	2m 株数	平均穗长（cm）	平均穗粗（cm）	产量（kg/亩）
免耕覆盖	320	128	10	23	5. 5	986. 5
传统耕作	315	129	10	22	5. 3	881. 5

第十章　吉林垄作保护性耕作

一、研究背景

吉林省地处我国东北地区中部，位于东经121°38′~131°19′、北纬40°52′~46°19′。东南以鸭绿江、图们江为天然水界与朝鲜相望，东与俄罗斯接壤，南邻辽宁，西接内蒙古，北接黑龙江省。全省幅员面积18.74万km²，占国土总面积的2%左右。

吉林省处于北半球的中纬度地带和欧亚大陆的东部，濒临太平洋西岸，属于温带大陆性季风气候。虽然离海洋较近，但由于受长白山脉呈东北西南走向高地势阻拦，大陆性气候十分明显：春季干燥多风沙；夏季高温多雨；秋季降温快，霜来早；冬季漫长，严寒少雪。全省日照时数为2 200~3 000h，由于地区差异，总的趋势是日照时数由东向西递增。年平均气温为3~5℃；年平均降水量500~910mm；年无霜期120~160天。全省日平均气温高于零度始现于3月末或4月初，终于11月上旬，持续期200~230天，在此期间活动积温平均在2 700~3 600℃。光、热、水资源在时间分布上主要集中在6~9月，具有雨热同季的特点，对一季作物的生长十分有利。

吉林省是商品粮主产省，全省现有耕地面积400万hm²，农耕土壤条件优越，土壤结构好，全省土壤共有19个土类、73个亚类、161个土属、543个土种。其中，黑土、黑钙土、淡黑土、草甸土等肥力较高的土壤占52%，土壤有机质含量丰富，适合农作物生长；全省现有林地面积786.5万hm²，森林覆盖率达42.4%；草地面积261.8万hm²，占总土地面积的13.7%，主要集中西部地区和林间草地及林下草场。根据该省农田的基本情况，可以规划成4个保护性耕作带。一是西部干旱灌溉地区旱作保护性耕作带。大致是从松原市经长岭县至双辽市这条线以西以北地区，以前是半湿润地区，近年来年降水量已经低于400mm，成为半干旱区，并且春旱严重，需要作水播种的地区。主要应推广播种前灌溉底墒水，苗期深松，秸秆还田覆盖等保护性耕作技术。二是中部雨养农业旱作区保护性耕作带。是松原市—长岭县—双辽市一线中间部分，是松辽平原的腹地，黄金玉米带的核心区，是吉林省雨养农业的粮食主产区，主要推广免耕播种、化学除草、深松深施肥、大垄双行平作、高留茬、秸秆还田、机械收获等保护性耕作技术。三是东部坡耕地旱作区保护性耕作带。是舒兰市—吉林市—磐石市—东丰县连线以东以南地区，是山区和半山区水土流失严重的坡耕地，主要推广留茬免耕、垄侧播种等保护性耕作技术。四是富营养化水田区保护性耕作带。主要是在沼泽土、草炭土等营养物质富集、正常耕翻还原性过强的水稻田中实行免耕轻耙保护性耕作技术。

二、试验区基本情况与试验设计

试验区位于吉林省梨树县，梨树县位于吉林省西南部，地处东北松辽平原腹地，土地肥沃平坦，素有“东北粮仓”和“松辽明珠”之美称，土地面积4 209km^2，目前主要垄作保护性耕作模式是玉米垄侧播种少免耕模式：

玉米垄侧播种少免耕技术模式，简称玉米垄侧栽培，是一种不同于以往玉米传统的栽培模式，是一种从少耕向免耕，从传统模式向新型保护性耕作过渡的生产方式，是一项科技含量高，增产机理明确，操作简便易行。

三、玉米垄侧栽培技术效果

垄侧栽培技术是在前年垄作栽培以后，第二年播种时不经过灭茬，在原垄的老垄沟施入底肥，直接在垄侧穿一犁起垄后播种，其余土壤保持不动的耕作方式。这种耕作方式具有很高的经济效益、社会效益和生态效益，与传统精耕细作耕作措施相比，有很大的不同，具体体现在以下7个方面。

（一）防止扬尘，保护环境

传统耕作方法，多次动土，翻转土壤，使土壤裸露，失墒严重，造成春季扬沙，形成浮尘天气。而玉米垄侧栽培技术不进行春季整地环节，不灭茬，倒茬休耕，有效地减少农田扬尘10%～20%，大面积实施可以有效抑制沙尘暴的猖獗发生。

（二）根茬还田，培肥地力

传统耕作方法，不重视用地与养地相结合，一是农民重视化肥的使用，忽视有机肥的使用。二是提高复种指数，极大限度地挖掘土壤增产潜力，而忽视倒茬休耕，提高土地利用率。三是不重视秸秆还田，改良土壤，培肥地力。以上这些做法导致了土壤中有机质含量下降，土壤板结，降低土壤肥力，从而形成掠夺式生产。而玉米垄侧栽培技术不进行机械灭茬，通过一年的风化，前一年作物的根茬在田间自然腐烂，做到根茬还田，起到改良土壤、培肥地力、增加土壤有机质的作用，极大地弥补了传统耕作方法的不足。

（三）减少侵蚀，保护耕地

传统耕作方法，农机具的繁序使用，造成土壤退化，因风蚀和水蚀而带走大量肥沃的表土，土层变薄，耕地质量下降。而玉米垄侧栽培技术使垄与垄之间形成了阻水埂，前一年根茬形成了挡风屏，保证大量肥沃的表土不被风、水带走，有利于保水、保土和保肥，起到防止水土流失的效果，减慢因风蚀和水蚀引起的土地退化。

（四）蓄水保墒，增强抗旱能力

传统耕作方法，需要农机具灭茬整地，首先导致土壤耕层变浅，犁底层逐年加厚、变硬，不利于玉米根系的向下深长，降低了植株的抗旱、抗倒伏能力，更有碍于土壤上下水气的贯通和天然降水的蓄存、特别是土壤水库的修复和土壤耕层自身的调节、恢复。其次农机具的连年使用，造成土壤压实严重，不仅土壤的通透性下降，导致土壤调节水、肥、气、热的能力下降，而且降雨后径流现象突出，土壤蓄水保墒能力下降。而玉米垄侧栽培技术有半条垄没有进行耕翻，有利于保持和提高土壤墒情，抗旱保墒效果明显，增加土壤蓄水量，提高水分利用率10%左右。

（五）倒茬休耕，提高土地利用率

传统耕作方法，农机具的繁序使用，打乱了土壤中微生物栖息的环境，破坏微生物的种群结构，减少有益菌的数量，土壤自身营造机能减弱，失去活性，致使土壤的生命活力下降。土壤生物中蚯蚓的数量在逐年明显减少，就是有利的证明。过度耕作，土壤退化，耕地质量普遍下降，遏制农业的可持续发展。玉米垄侧栽培技术当年只利用了垄的一侧，垄的另一侧当年处于闲置状态，提高了耕地质量，隔年轮换种植，倒茬休耕，种地与养地相结合，最大限度地提高土地利用率。

（六）节约成本

传统耕作方法要经过翻耕、耙耢、镇压、中耕和灭茬等十几道生产工序，工序繁多，工量较大，农业生产成本比较高，这些作业程序从前大多以各家为单位，依靠自助方式来完成，在生产成本上没有太大体现，现在随着社会的不断发展，生产条件的不断改善，农机具的使用很大程度上替代了原来的马拉犁具的使用，生产成本的增加得以突显出来。而垄侧栽培只对垄的一侧进行作业，作业面积减少50%左右，同时在作业环节上，取消了灭茬，减少了中耕次数，只进行苗带除草，可节省除草剂用量，故生产成本大大降低了。每公顷节约机耕费用50～100元，节约除草费用70～120元，节省灭茬费用200～300元，总计每公顷节约成本320～520元。同时，节约水资源，降低农药污染，保护环境，做到农业的可持续发展。

（七）增加效益

干旱年份玉米垄侧栽培方式保苗率提高20%左右，产量也相应得到了提高，可提高玉米单产20%左右。在雨量充沛墒情好的年份，即使对保苗率没有大的影响，依然有明显的增产效果，玉米单产可提高10%左右。每公顷玉米平均增收350～550元。同时，玉米垄侧栽培降低生产成本，每公顷合计节本增效670～1 070元。

四、玉米垄侧栽培技术特点

玉米垄侧栽培技术，与传统栽培模式相比，具有操作方法简单、省工省时、增产潜力大的特点，适用于山区、半山区、平地、坡耕地，对改善土壤结构和环境，增加土壤含水量，提高自然降水利用率，降低生产成本，提高劳动生产率，发展持续高效农业具有重要意义。玉米垄侧栽培技术，只对耕层表土部分松耕、耕作以及采取化学除草，不具备免耕条件的地区应注意实行玉米垄侧栽培技术。

新的种植模式针对传统耕作方式而言，主要有以下7点不同：

（一）改垄中播为垄侧播

传统种植方式播种时必须在垄的中间进行，而垄侧栽培只是直接在垄侧穿一犁，起垄后播种。

（二）改半精量播种为精量播种

传统种植方式常采用半精量播种，用普通播种机或人工点播，一般每穴（3±1）粒，而垄侧栽培推广精少量播种，一般每穴1～2粒。

（三）改三铲三蹚为一次深蹚，改人工除草为化学除草

传统种植方式在田间管理过程中，需要进行三铲三蹚，即在出苗后，用人工第一次铲除杂草，随即用中耕机进行第一次中耕，在拔节初期进行第二次除草，用中耕机进行第二次中耕，在拔节中期或后期再进行第三次除草和最后一次中耕，而垄侧栽培只是在雨季来临前拿起大垄，采用高效、低残留、低成本化学药剂进行化学除草。

（四）改化肥浅施为深施

传统种植方式施肥深度一般只有3～5cm，而垄侧栽培一般将化肥施入老垄沟，垄沟较深，可以做到垄沟深施肥，避免烧种烧苗。

（五）改深翻地为松耕部分表土，改灭茬为留茬

传统种植方式一般要经过翻耕、耙耢、镇压等整地环节，并且消灭根茬，而垄侧栽培只是针对原垄的一侧进行耕地作业，保留前茬不动。

（六）改根茬粉碎还田为自然腐烂还田

传统种植方式将作物根茬用机械粉碎后撒在田里，而垄侧栽培作物根茬通过一年的风化，茬子在地里直接自然腐烂，这样做不但保护了土壤水分和养分，而且也减免了因根茬在地里腐烂吸水加剧的旱情。

（七）改全面作业为间隔作业

传统种植方式作业面积与耕地面积相等，而垄侧栽培只对垄的一侧进行作业，作业面积只占耕地面积的50%左右。

五、玉米垄侧栽培技术流程

玉米垄侧栽培技术是一项科技含量高，增产机理明确，操作简便易行的栽培方式，主要技术流程有以下7个环节：

（一）连续整地精量播种

玉米垄侧栽培技术是春耕时田间不进行翻地和机械灭茬，秋收时留高茬，高度超过20cm为宜，以增加根茬的还田量。耕种时保持原垄，在原垄垄侧形成新垄，新垄形成后立即播种，减少失墒。所用的犁铧要求是特制的铧子，铧子的宽度以27～30cm为宜。有两种播种施肥方式。

1. 人工等距点播

坡地垄距较宽、垄沟较深的地块可先在老垄沟施入底肥，然后直接在垄侧深穿一犁起垄，用手提式扎眼器播种，播后立即踩实。平地垄距较窄、垄沟较浅的田块或前一年采取该栽培方式的地块可在原垄沟靠近另一条垄侧处先穿一犁，以利于深施肥，然后在垄侧深穿一犁起垄，用播种器人工精量播种并施入口肥，覆土并脚踏镇压保墒。

2. 机械播种

在老垄沟施入底肥，在垄侧穿一犁破茬然后跟犁种，采用手推式播种机垄上播种，并施入口肥，做到播种深浅一致，播深3～4cm，覆土均匀，土壤较为干旱时，采取深开沟，浅覆土，重镇压。

无论哪种播种方式，都要使用精少量播种技术，即每穴（2±1）粒或单粒点播，同时提高1倍密度，间苗时再去掉。

（二）因地制宜选用优良品种

选择品种的前提必须是经过国家和地方审定的品种，之后应根据当地的自然条件、土壤肥力及施肥水平选用生育期适中、高产、优质、抗逆性强的优良品种。水肥条件好田间管理水平高的地块应选用密植型品种，反之，水肥条件差田间管理水平低的地块应选用稀植型品种。一般情况下垄侧栽培要选用密植型品种。另外，要选用符合国家标准二级以上的优质种子，因为垄侧栽培采用精少量播种技术。

（三）种子处理

1. 试芽

选用的种子于播种前 15 天做种子芽势和发芽试验。根据种子的发芽能力，计算出需种量。

2. 晒种

为了提高种子的发芽率、出苗率，减少丝黑穗病的危害，播种前 3 ~ 5 天选择无风或微风晴朗的天气把种子摊开在干燥向阳处，连续晒 2 ~ 3 天，消灭病菌，增强种子的活力。

3. 包衣

可机械包衣或人工包衣，人工包衣可把种子堆在塑料薄膜上，加种衣剂翻拌均匀后晾半小时装袋备用。根据各地病虫害发生情况，针对不同防治对象，播种前选用“三证俱全”的种衣剂进行种子包衣，防治苗期地下害虫、苗期病害和丝黑穗病以及促进苗期生长发育，提高田间保苗率。种衣剂的使用要严格按照使用说明书的要求去做。

（四）确定适宜播期

要根据品种的生育期和品种特性，结合当地温度、水分和光照条件等自然条件以及土壤状况来确定适宜的播种期。一般在土壤耕层 5 ~ 10cm 地温稳定通过 7 ~ 10℃，土壤含水量达到 20% 左右时作为适宜播期。一般在吉林省最佳播种时期在 4 月 25 日至 5 月 10 日，最迟不能晚于 5 月 15 日。

（五）合理密植，科学管理

根据品种特性、土壤肥力、施肥水平、降水条件和种植形式等条件综合考虑来确定种植密度。一般稀植型品种种植密度为每公顷 4.0 万 ~4.5 万株；密植型品种种植密度为每公顷 5.5 万 ~6.0 万株；中间型品种种植密度为每公顷 4.5 万 ~5.5 万株。

（六）实施测土配方，科学合理施肥

1. 重视有机肥的施用

使用有机肥可以增加土壤中有机质的含量，改善土壤的理化生物性状，提高土壤保水保肥能力，增加土壤中微生物活性。有机肥和化肥混合施用，可以促进化肥利用率提高，有化肥不可代替的作用。有机肥缺乏，土壤板结，肥力下降。但要注意施用高质量的有机肥，防止带入病原菌和杂草种子，用量为每公顷30m^3左右。在播种前施入田间，可撒施、条施或做基肥施用。

2. 化肥施用

要在重视施用有机肥的基础上，本着最大限度地提高化肥利用率为原则，科学合理的施用化肥。具体应做到，重视农肥、增施氮肥、稳定磷肥、补充钾肥、协调微肥；基肥为主、追肥为辅；穗肥为主、粒肥为辅。

（1）氮肥的施用量

稀植型玉米品种，如果土壤肥力较高，每公顷适宜施氮量（N）150～200kg；如果土壤肥力一般，每公顷适宜施氮量（N）170～220kg；如果土壤肥力较低，每公顷适宜施氮量（N）180～250kg；密植型或高产玉米品种，施氮量在以上用量的基础上增加10%～20%。另外，氮肥的施用量还与品种本身有关，马齿型品种产量潜力大，比较喜肥，而半马齿型或硬粒型品种，对氮肥不十分敏感，不宜多施。

（2）磷肥的施用量

稀植型玉米品种，如果土壤肥力较高，每公顷适宜施磷量（P_2O_5）46～70kg；如果土壤肥力一般，每公顷适宜施磷量（P_2O_5）60～90kg；如果土壤肥力较低，每公顷适宜施磷量（P_2O_5）70～100kg；密植型或高产玉米品种，施磷量在以上用量的基础上同样增加10%～20%。土壤肥力较低的土壤中缺乏速效磷，要适当增施。由于磷在土壤中有残留，故在连续多年施用磷肥的地块，可以考虑酌情减量施用。

（3）钾肥的施用量

如果土壤肥力较高，每公顷适宜施钾量（K_2O）50～70kg；如果土壤肥力一般，每公顷适宜施钾量（K_2O）70～90kg，如果土壤肥力较低，每公顷适宜施钾量（K_2O）80～100kg。

3. 化肥施用方法

这种栽培方法有利于化肥一次性深施，省工省时，但对于不利于一次性施肥的地块，还要采取底肥＋口肥＋追肥分层次的施用方法。

（1）氮肥

氮肥可以做底肥和追肥，不可以做口肥，但不要全部做追肥。正常情况下，氮肥的25%做底肥、75%做追肥效果最好。氮肥要做到深追肥，多覆土，严禁施在表土上。

（2）磷肥

磷肥可以做底肥和口肥，不可以做追肥，但不要全部做底肥。一般情况下，氮肥的65% ~75%做底肥、25% ~35%做口肥效果最好。磷肥无论做底肥还是做口肥，都应集中条施，不要全面撒施，以防止水溶性磷肥被土壤固定而降低肥效。

（3）钾肥

钾肥可以做底肥和口肥，早期施用钾肥效果理想，一般情况下，底肥数量应占总量的70%左右，口肥数量应占总量的30%左右，

（七）加强田间管理

1. 间苗定苗

玉米出苗后长至3 ~4 片叶时进行间苗，拔除自交苗、发育不良的弱苗和病苗；当玉米长到5 ~6 片叶时，按不同品种所要求的种植密度进行定苗，保证田间做到苗全、苗齐、苗匀、苗壮。

2. 化学除草

采用高效、低残留的化学药剂进行化学除草。每公顷施用38%阿特拉津胶悬剂3L混50%乙草胺乳油2. 5 ~3. 0L（或72%都尔乳油2. 5 ~3. 0L或90%禾耐斯乳油1. 5 ~2. 25L）对水400 ~600kg，在播种后出苗前，进行土壤喷雾。干旱年份和干旱地块，土壤处理效果差，每公顷用4%玉农乐悬浮剂1. 0 ~1. 5L或38%阿特拉津胶悬剂3. 75 ~4. 5L对水400 ~600kg，进行茎叶喷雾。苗带施用时用量减掉一半，茎叶处理在杂草2. 5 叶期前进行。施药要均匀，做到不重喷，不漏喷。土壤湿度大的地块以土壤处理剂为主，干旱地块以茎叶处理为主。土壤有机质含量高的地块在干旱时使用高剂量，反之使用低剂量。

3. 垄形修复

6月下旬至6月末雨季前进行蹚地封垄，拿起大垄，蹚地深度达到25cm。

4. 病虫害防治

对于玉米的瘤黑粉病和丝黑穗病防治，最好的方法是在播种前用防治丝黑穗病的种衣剂拌种。防治黏虫在6月中、下旬至7月上旬，如果平均每株

有1头黏虫，用氰戊菊酯类乳油对水喷雾防治，把黏虫消灭在3龄之前。对于蚜虫或红蜘蛛可用乐果、辛硫磷或菊酯类杀虫剂防治。

综合防治螟虫：玉米螟俗称箭秆虫，为害周期长，损失重，在一般年份玉米受害可减产7%～10%，大发生年可达30%以上，甚至绝收。一是封垛，在玉米螟化蛹前，对玉米和高粱秸垛喷粉封垛，每立方米用白僵菌75～100g和10倍的细土（或滑石粉）拌匀，或在玉米螟羽化盛期每立方米插2～3根用50%敌敌畏乳油浸泡的高粱秆熏杀羽化成虫。二是用赤眼蜂防治，7月上、中旬每公顷分两次释放22.5万头赤眼蜂，时间间隔5～7天，将螟虫消灭在孵化之前。三是在玉米心叶期或大喇叭口期，用白僵菌颗粒剂进行防治。还可以用设置高压汞灯的方法诱杀成虫。

5. 隔行或隔株去雄

在玉米雄穗刚露出顶叶，尚未散粉之前，每隔1行（株）或2行（株），拔除1行（株）或2行（株）的雄穗，减少营养物质的消耗，增大透光，从而达到早熟增产的目的。拔除雄穗时注意不要损伤顶叶。

6. 站秆扒皮晾晒

在玉米蜡熟中后期，在籽粒有一层硬盖时进行站秆扒开玉米果穗苞叶晾晒，可促早成熟和降低籽粒水分，从而提高产量。一般玉米提早成熟6天左右，降低玉米水分15%左右，增加产量6%左右。注意扒皮晾晒的时间和不要折断穗柄，否则对产量影响很大。

7. 掰小棒

有的品种由于自身特性和其他方面原因长出2～3个果穗，但成熟的只有1个，对于出穗比较晚的第二果穗和第三果穗，因其不能产生果实要把它们全部去掉，减少养分消耗，使养分集中供给主穗，可以促进玉米早熟2～3天，同时增产5%左右。去掉无效果穗的时候注意不要损伤植株叶片。

8. 适时晚收

一般在玉米苞叶干枯松散，籽粒变硬发亮，植株接近半死亡状态时，大的霜冻来临后进行收获，这样可以充分发挥玉米的后熟作用，可使籽粒充分成熟，从而增加产量，改善品质。在吉林省可以等到10月1日以后再收获。

六、玉米垄侧栽培技术注意事项

玉米垄侧栽培技术虽然操作方法简单，但具有较强的科学性，在实施的过程中要注意以下6个方面的问题。

（一）注意播种技术和质量

要随时检查播种机的顺畅程度，保证种子均匀落入地下，尤其在土壤较湿润的情况下，可能发生塞籽现象，造成缺苗段条。播种深度深浅要均匀一致，否则造成出苗参差不齐。土壤较干旱的情况下，播后及时镇压，避免晾籽。

（二）注意种肥之间距离

对于一次性完成施肥的地块，为了防止肥量大而造成烧种，应注意调整种子和化肥间距，应控制在10cm以上，一般应保证在10～15cm，但间距也不能过大，否则种子萌发后不能及时吸收到养分，影响出苗。

（三）注意病虫害的防治

由于这种种植方式，没有翻地，土壤中的病原菌可能较多，根茬留田，虫量滞地情况加重，增加了病虫害的发生几率，所以，必须用农药拌种防治病虫害，如发现病情要及时喷洒药剂处理。

（四）尽量做到秋收后高留茬

玉米留茬高度最好达到20cm以上，增加秸秆还田量。

（五）垄作时中耕

为了提高地表平整度和方便来年作业，垄作时至少中耕一次为下年作业备垄。

（六）不与山坡同向成垄

为了提高土壤墒情和更有效防止风蚀水蚀，应用山坡地时要注意不能和山坡同向成垄。

七、玉米垄侧栽培技术应用实例

吉林省梨树县十家堡镇，位于东北平原中部，梨树县东南部，属于温带半湿润季风大陆性气候，年均降水量577.2mm，年有效积温2 900℃，无霜期145天，该村地势属于丘陵半山区，土壤类型为棕壤土。全镇有17个村，12 235个户，35 695口人，耕地面积9 000hm^2，种植作物以玉米为主。

多年前，该镇农业生产沿用的都是常规的传统耕作体系，造成土壤板结严重，耕地质量下降，地表受风蚀、水蚀加剧，加上土壤肥力贫乏，有机质含量低，又受到全球气候变化的影响，降水量逐年减少，且降雨分布不均，主要集中在7～9月，与玉米生长期不同步，致使玉米产量长期徘徊在较低的水平线上，又遇到农业生产资料逐年上涨，生产成本增加，严重挫伤了农民种地积极性。最近几年示范推广玉米垄侧栽培技术以来，在县级农业部门的大力支持下，玉米垄侧栽培技术成效显著，收到了粮食增产，农民增收的可喜效果。

营城子村二社农民周永安是应用玉米垄侧栽培技术最早的科技示范户，作为典型代表2007年种地玉米2hm^2，在当年比较干旱的条件下，春季没有发生缺苗段条现象，而且小苗又齐又壮，没有应用玉米垄侧栽培技术的农户，小苗参差不齐，而且缺苗率达到20%以上。秋收经过农业专家测产，周永安家地块的玉米公顷产量达到11 130kg，比没有应用玉米垄侧栽培技术的农户增产13.5%。2008年周永安又应用玉米垄侧栽培技术种地，在气候比较适宜的情况下，玉米公顷产量达到13 196kg，比临近的地块又增产12%，在梨树县玉米高产创建活动中，名列前茅，受到农业系统的嘉奖。

截至2008年年底，全镇实施玉米垄侧栽培技术达到13个村，148个户，耕地面积1 500hm^2，占总耕地面积的16.7%，2008年增产粮食126.83万kg，增产幅度9.8%，增收150万元，节约生产成本58万元，新增纯效益147万元。

总而言之，玉米垄侧栽培技术是一项通过理论论证、深入联系实际、取得实际效果的科研成果，对提高粮食产量，节约农业用水，降低生产成本，培肥地力，保护生态环境，发展可持续农业等都具有重要的意义。

第四篇

垄作保护性耕作技术推广与应用

垄作保护性耕作技术目前在东北地区已受到重视并得到了应用。目前，垄作保护性耕作技术正由研究试验阶段逐步进入示范推广阶段，及时总结各地实践的经验和教训，改进和完善垄作保护性耕作技术的推广工作，对促进我国东北地区保护性耕作技术发展具有重要意义。

第十一章　东北垄作区典型技术模式

本区气候属温带半干旱和半湿润偏旱气候类型，年降水量300～900mm，气温低、无霜期短。种植制度为一年一熟，主要作物为玉米、大豆、小麦、水稻，是我国重要的商品粮基地，机械化程度较高。本区的主要问题是水源不足，耕作复杂、耕层变浅、土壤退化、旱情加重，粮食产量波动较大。

本区保护性耕作技术模式以抵御春旱、控制风蚀和恢复土壤肥力为主要目标。技术措施为秸秆覆盖和免（少）耕，并配合传统的垄作技术解决低温等问题。

一、传统垄作模式

（一）工艺流程

人工摘穗收获玉米、割秸秆、留茬8cm左右→截留秸秆运出→春季播种前旋耕灭茬（深度为15cm左右）→起垄→精少量播种深施肥→药剂或人工除草→中耕→收获。

（二）技术要求

①旋耕灭茬目的是为播种创造条件，要求地表平整，尽量减少地表秸秆量，减少播种困难。

②旋耕作业后，起垄。目的是增加播种带地温，促进种子发芽。

传统垄作方式的优点：传统垄作是农民在多年耕种经验基础上，根据地区实际情况总结出的较为实用、方便的工艺。该工艺简单易行，作业项目单一，易保证作业质量。同时有机械的支持，如：秋冬季不耕地，也具有保护水土流失的作用，春季旋耕可施入一定量的农家肥，人工除草简单灵活、质量好。

缺点：传统垄作由于缺少复式作业，机具进地次数多，土壤压实严重，作业成本高。在秋季玉米收获后，大部分秸秆被人工移走，地表缺少秸秆覆盖，土壤保水、保肥能力差，风蚀、水蚀较严重。在春季播种前，采用旋耕机整地破坏了土壤结构和土壤水分的入渗能力，使得土壤水分蒸发快，不利于作物出苗及生长，在干旱地区还可能造成减产。三年垄作少免耕试验表明，传统垄作模式的土壤有机质逐年有下降的趋势。

二、高留茬覆盖模式

高留茬覆盖垄作模式主要特点是在秋季玉米收获时将玉米秸秆的上半部分人工移走，地表留茬高度25cm左右，垄台上采用免耕播种。

相对于传统垄作模式而言，高留茬覆盖模式与碎秆覆盖垄作模式相似，减少了作业工序，减轻了机具对土壤的压实，降低了作业成本，而且也减轻传统垄作由于大量耕作而引起的土壤水分损失，有利于改善土壤结构，提高土壤水分的入渗能力，同样有利于农业的可持续发展。

与碎秆覆盖和整秆覆盖两种垄作少免耕模式相比，高留茬覆盖模式地表秸秆覆盖量少，土壤养分增加慢，土壤水分储存和土壤结构的改善情况不如其他两种垄作少免耕模式。但是高留茬覆盖垄作模式春季播种时由于地表较少的秸秆覆盖，对玉米垄作免耕播种机具的防堵性能要求相对较低，有利于提高玉米的播种质量和出苗率，其玉米产量仅次于碎秆覆盖垄作模式。

（一）高留茬浅旋灭茬覆盖垄作模式

1. 工艺流程

人工摘穗收获玉米、割秸秆、留茬30cm以上→截留秸秆运出→春季播种前浅旋灭茬表土处理（深度为6～7cm）→精少量播种深施肥→药剂或人工除草→中耕（为下年备垄）。

2. 技术要求

①残茬处理的目的是打碎玉米主根，为播种创造条件，一般为旋耕机浅旋处理，要求作业深度不宜过大，以减少土壤搅动量，保持耕层土壤结构，增加地表残茬覆盖量，保持垄形，发挥垄作提高地温的优势。

②播种前不进行起垄作业，将残茬尽可能多地保留在地表。播种在残茬处理后残留的垄上进行。

③目前，通用的灭茬机是直角弯刀旋削方式，作业后残茬细碎，作业后地表浮土覆盖量大，有增加水土流失的缺陷。实践表明，只要把玉米主根劈开，残茬不用粉碎，采用窄形开沟器的播种机就可以正常播种，为此，应尽量减少浅旋灭茬作业时的动土量，可采用直刀浅旋方式进行。具体做法为：将磨损后的刀齿去掉弯刀部分，作业时仍要将作业深度控制在7cm之内，优点是既劈开根系，保证播种质量，同时又可以减少土壤搅动量，增加播种

后地表残茬覆盖率。

该技术模式主要适合东北的中西部地区垄作地块。

（二）高留茬覆盖免耕垄作技术模式

1. 工艺流程

玉米人工摘穗、割秸秆、留茬30cm以上→截留秸秆运出→春季免耕播种深施肥→药剂或人工除草→中耕（为下年备垄）。

2. 技术要求

此模式是采用带有残茬处理工作部件的播种机直接进行免耕播种，减少残茬处理作业环节。残茬处理工作部件常用的有两种：一是旋播种机，目前通用的机型仍采用宽幅（200mm以上）弯刀旋耕方式，缺点与常规灭茬机同，为克服这一缺陷，中国农业大学与辽宁省农机局、省农机推广站联合开发出2BML-2（Z）型玉米垄作免耕播种机，此机型的残茬处理部件为动力驱动直刀、窄幅旋转部件，作业幅宽为60～90mm。具有动土量少，播种后地表覆盖率高及降低油料消耗等优点。二是滚动圆盘切刀式免耕播种机，滚动圆盘刀靠机体重量切入土壤，指齿式分土圆盘将切开的土壤及残茬分向两侧，为播种创造条件，施肥、播种开沟器为圆盘式，配有锥型轮垄上稳定装置，保证播种作业在垄上进行。

该技术模式主要适合东北的中西部地区垄作地块。

（三）高留茬覆盖贴茬免耕播种平作技术模式

1. 工艺流程

玉米人工摘穗、割秸秆→留茬30cm以上→秸秆运出→春季避开根茬在行间免耕播种深施肥→药剂或人工除草。

2. 技术要求

此种方法不进行残茬处理作业，动土量少，播种后地表覆盖率高。

该技术模式主要适合东北的中西部地区垄作地块。

三、碎秆覆盖苗带少耕播种垄作技术模式

（一）工艺流程

1. 工艺流程1

玉米收获→秸秆粉碎还田→苗带灭茬处理残茬（作业深度6～7cm）→精少量播种深施肥→药剂或者人工除草→垄作至少中耕一次。

2. 工艺流程2

玉米联合收获机收获玉米，同时秸秆粉碎还田→表土处理→播种、施

肥→化学除草或中耕（垄作时至少中耕一次，为下年作物备垄）。

（二）技术要求

为了延长秸秆覆盖地表的时间，提倡在冬季风较小的地块春季表土作业，联合收割机收获时应适当提高留茬高度（30cm），有利于防止风刮地表的碎秸秆，保持秸秆残茬分布的均匀性。

表土处理方式可采用直刀苗带浅旋、直刀浅旋、灭茬机苗带浅旋和普通旋耕机浅旋方式进行，旋耕深度不大于8cm。表土处理在春季进行时，要与播种作业紧密衔接，以防水分散失，影响种床墒情。

实行垄作的地块，播种前不许起垄，因为起垄后会降低地表的秸秆覆盖率，影响土水保持效果，至中耕时再培土成垄。秸秆粉碎还田和表土处理作业时注意控制作业深度，不要把垄型削平，要保留一定高度的垄台，播种在垄上进行，这有利于提高种床地温。

在秸秆覆盖量较小的地块，提倡不进行表土处理作业，采用直刀旋播机在残茬覆盖的地表上直接免耕播种，以进一步减少作业环节，降低生产成本。

平作时，如果地块所处位置的风不是很大，不会刮走粉碎后的秸秆，播种前秸秆分布较均匀，可以躲开根茬，用窄幅开沟器的播种机进行免耕播种，播种前不需进行表土处理。

该技术模式主要适合东北的中东部地区垄作地块。

碎秆覆盖垄作模式在秋季玉米收获以后直接秸秆还田，有利于农业的可持续发展。这主要是由于：一是秸秆还田使玉米秸秆中的氮、磷、钾、镁、钙及硫等元素释放到土壤中，促进作物的生长。二是秸秆还田可以改善土壤环境，秸秆中含有大量的能源物质，还田后生物激增，土壤生物活性强度提高，接触酶活性可增加47%。三是秸秆还田可使土壤容重降低，土质疏松，通气性提高，改善土壤结构和导水性能。四是秸秆还田可形成地面覆盖，具有抑制土壤水分蒸发，提高土壤蓄水能力和调节地温等诸多优点。五是秸秆粉碎，破坏了玉米螟虫及其他地下害虫的寄生环境，故能大大减轻虫害。六是碎秆覆盖垄作少免耕模式使秸秆中的有机质得到充分的利用，避免了长期以来农民大量焚烧秸秆而造成的环境污染，有利于生态农业和环保农业的发展。

另外，碎秆覆盖垄作模式采用少免耕播种技术，相对于传统垄作模式而言，减少了作业工序，降低了作业成本，有利于提高农民收入。

在4种垄作模式之中碎秆覆盖垄作模式的纯收入以及产投比均为最优，而且目前玉米联合收获机一般配有秸秆粉碎装置，使得该种模式的可行性高，适合在辽宁垄作区大范围推广。

四、整秆覆盖少耕播种技术模式

（一）工艺流程

玉米人工摘穗收获，秸秆直立越冬—播前表土处理—精少量播种深施肥—化学除草或中耕。

（二）技术要求

人工收获玉米以后，秸秆堆放或放铺时，在表土作业之前应人工将秸秆散匀，以提高表土处理机械的通过性和表土处理作业质量。

表土处理可选用旋耕机、灭茬机、圆盘耙等机具进行，垄作时采用旋耕或灭茬机苗带旋耕处理表土，作业深度不大于7cm，保留一定高度的原垄型的，播种在垄上进行。为减少旋耕对土壤的搅动，提倡将旋耕机或灭茬机的弯刀改为直刀，最好是用磨损后的旋耕刀改装。

对于一些土质黏重的平作地块，可增加深松作业（实行保护性耕作技术初期进行或2~3年进行一次），深松后用圆盘耙耙平深松沟和耙碎土块。

表土处理与播种作业要紧密衔接，两作业工序间隔越短越好，最好是表土作业后立即播种，以减少失墒。

若春季残留秸秆量小，可采用带有直刀的旋播机免耕播种。

化学除草或中耕控制杂草，垄作时至少中耕一次为下年作业备垄。

整秆覆盖垄作模式的主要特点是秋季玉米收获以后，整秆直立越冬，春季播种时，使用驱动圆盘玉米垄作免耕播种机在垄台上免耕播种。

整秆覆盖垄作模式采取秸秆全部还田和免耕播种有利于提高土壤有机质含量，改善土壤养分，减少土壤风蚀、水蚀，降低土壤容重，使土质疏松，通气性提高，提高土壤水分入渗能力，改善土壤结构。另外，秸秆还田可形成地面覆盖，具有抑制土壤水分蒸发，储存降水和调节地温等作用。

但是由于在东北玉米垄作区玉米产量高，作物秸秆粗大，不易腐烂。整秆直立覆盖模式在播种前不对秸秆进行任何的处理，播种后播种带内存在大量粗大的秸秆影响了播种质量和玉米出苗，导致整秆覆盖垄作模式在4种垄作模式之中出苗情况最差，影响了作物的产量。

整秆覆盖垄作模式的产投比在4种垄作模式中虽然不是最差，但是其纯收入最低，目前还不适合大面积推广，需要进一步的试验。另外，整秆覆盖垄作模式对秸秆不进行任何处理，有可能带来严重的病虫害，也与玉米收获机械化不相适应。

第十二章　垄作保护性耕作技术推广机制

一、垄作保护性耕作的应用特点

在我国东北垄作区实施保护性耕作技术，主要有4个特点对应用推广保护性耕作会产生较大的影响。

（一）春季气温低，播种对土壤温度有要求

东北垄作区处于高寒地区，气候寒冷地温低，春季解冻晚，地温回升慢，不能早播种或者出苗慢，苗不全，秋天落霜早，常发生冻害；多风少雨，土壤干旱严重，土壤保肥、保水能力差。

（二）与常规的保护性耕作相比，要求原垄免耕播种

随着常规保护性耕作技术实践的丰富，人们对其核心理念的理解进一步深入，实施领域范围不断扩大，但是垄作保护性耕作技术模式与常规保护性耕作有所差别，必须因地制宜。常规保护性耕作一般是在平作地表实施的，只需满足种肥深度以及防堵要求即可，播种难度相对较低。而垄作保护性耕作与常规保护性耕作有一定区别，主要体现在其要求原垄免耕播种，播种作业时，机具除了要满足常规免耕播种机的播种要求外，还要求机具能够在上一年垄上进行播种，播种难度相对较大。

（三）综合性

垄作保护性耕作技术同样不是单一的技术，它是一种新的农业技术体系，是农业耕作制度的变革。它涉及人的观念和技能、作物种植制度、栽培工艺、配套机器系统、运行方式与机制、评价体系及政策保障等；集成了农学、草原、土壤、植保、环境资源、农机、经济等诸多学科技术；包括了农业生产全过程，既有一个地区作物轮作的循环过程，也包括作物生产全过程机械化。因此，不能认为实现了免耕播种就实现了保护性耕作，保护性耕作技术是一项农业系统工程。

（四）长期性

保护性耕作技术取得显著的效果需要长期的实践积累，如秸秆腐烂还田增加土壤有机质含量就需要多年实施，减少水土流失在较大区域改善生态环境既需要实施面积连成一片，形成规模，也需要长期的实践；小型机具和技术的适应性如收获玉米后免耕播种秸秆堵塞及作业质量问题等，需要在保护性耕作技术应用中深入研究逐步完善；转变传统观念不是一朝一夕能够完成，农民中多数人需要时间来评估实施保护性耕作技术带来的风险和效益。总之，保护性耕作技术应用推广需要一个长期的过程。

二、建立垄作保护性耕作技术推广长效机制

垄作保护性耕作技术推广的长效机制，是指在东北垄作区实施保护性耕作技术的操作系统内部各个要素（或部分）之间相互作用而产生持续发展动力的过程和方式。建立推广长效机制是垄作保护性耕作技术持续健康发展的一个带有根本性的问题。

推广垄作保护性耕作技术，就是要在东北垄作区广泛应用垄作保护性耕作技术和机具，因此，保护性耕作推广必须与农业机械化运行长效机制结合才会有生命力。目前，中国农业机械化的发展形成了由政府宏观指导扶持，发挥市场对资源配置的基础调节作用，农机投资和使用主体农民、农场和农机服务组织等，采用农业机械自有自用和共同利用的方式，开展机械化作业，遵循市场经济规律有序竞争、自我激励、良性发展的运行机制，这是适合中国国情的发展运行长效机制，也是保护性耕作推广的长效机制内容。在东北垄作区保护性耕作推广过程中，可以借鉴。

在东北垄作区建立垄作保护性耕作推广长效机制的核心同样应该首先是政府、生产者、使用者的目标一致，农民关注的主要是可见的自身经济利益，企业追求的是经济效益最大化，政府要保障在农民增加收入、农业稳产高产、减轻劳动强度的基础上，实现企业生产者获取利润的经济目标以及国家保护耕地、保障粮食安全、改善生态环境的社会和生态战略目标。推广保护性耕作技术时政府不能包办代替，更不能强迫命令，只能科学引导、政策扶持，当地技术以及科研部门通过试验建立了带状保护的技术模式，使生产与生态的矛盾得到解决，农民也愿意接受保护性耕作，目标得到统一。

其次是取决于政府、生产者（企业、科研院所、大专院校）、使用者（农民、农场、生产服务组织）推广机构及经销商、科技示范户等的作用发挥和协调配合，而生产者和使用者是最重要的主体，推广机构服务于上述目

标，是联系各方的纽带和技术转化的桥梁。由此形成农民、农场、生产服务组织和生产企业、推广机构与政府间的协调互动，市场行为与政府行为有机结合，达到各方利益共赢，方能产生并形成充满活力、持久不衰的推广运行机制。这是在市场经济条件下推广活动能否成功的重要因素。

实践证明，纳入政府推进日程，并按市场机制运行的正确决策，实施效率是高的。现代市场经济是市场机制与适度的政府干预最佳结合的产物，推广应用也是如此，依靠市场机制进行引导调节，依靠政府行政进行推动和保障，弥补市场机制的失灵。推广中的市场行为体现为企业依靠市场机制的推销活动，实际也是一种推广活动，如"小四轮"、农用运输车等的广泛应用，这类农机产品都进入成熟期，通用性也较强。在市场经济下，政府关注解决的是公益性服务或短期效益不高甚至根本不存在短期效益的领域，如农业技术科研开发等方面，推广中的政府行为体现为行政主管部门投资组织的推广活动，如生态建设实施退耕还林还草等。

保护性耕作技术具有明显的生态效益，在研究试验过程中的风险和农业弱势产业的基础地位，这些都是公益性特征，应该是政府扶持投入的重点领域。近年来，根据《中华人民共和国农业法》《中华人民共和国农业机械化促进法》和《中华人民共和国农业技术推广法》规定，农业部及地方政府对保护性耕作的投入，在试验阶段重点用于技术研究、机具研发和中试、创办试验区开展适应性试验等；在示范阶段启动示范工程，重点用于建设保护性耕作示范基本田、培训农民示范户、补贴购置保护性耕作机具等，优惠幅度高于一般购机补贴；在推广阶段重点用于宣传培训，实行购机补贴政策扶持农机户和农机服务组织大范围应用，安排生产资料补贴调动农民积极性等。由农业部、国家发改委组织编制的《保护性耕作工程建设规划(2009~2015年)》经国务院同意，已正式下发。该建设规划总投资36.6亿元，其中中央资金18.7亿元。拟在我国东北平原垄作区、东北西部干旱风沙区、西北黄土高原区、西北绿洲农业区、华北长城沿线区和黄淮海两茬平作区6个主要类型区，用6年时间，建成600个高标准、高效益保护性耕作工程区，总规模133万 hm^2，辐射带动实施保护性耕作面积1.7亿亩。国家将东北垄作区，作为其中一个重要地区推广垄作保护性耕作技术。政府的作为有力地推动了保护性耕作技术推广的建康、快速发展。

在垄作保护性耕作技术推广与应用上，应以农民增加收入、农业稳产增产、保障粮食安全、节约农业资源、减轻劳动强度和改善生态环境为目标，在政府宏观扶持指导下，发挥市场的调节作用，适应农业机械化市场化运行机制，调动农民、农场、农业服务组织和农机生产者、推广者的积极性，建立与政府协调互动，充满活力的推广长效机制，保障和推进保护性耕作持续、健康、快速发展，为中国农业可持续发展和生态环境改善发挥重要作用。

三、垄作保护性耕作推广原则

（一）坚持因地制宜，分类指导的原则

在东北垄作区开展保护性耕作技术推广必须从本地区的实际情况出发，使推广活动符合当地的实际情况，这是保护性耕作技术推广工作成功的关键。同时，应结合不同的自然、经济条件和作物种类，采取适宜的技术模式，选择确定适用的保护性耕作机具。

（二）坚持政府扶持，农民自愿的原则

加大对保护性耕作技术试验示范和推广应用的扶持，尊重农民意愿，通过典型示范，政策引导，注重保护性耕作技术实施效果的宣传，加强技术指导和服务，提高农民采用保护性耕作技术的主动性和自觉性。

（三）坚持多方合作，共同促进的原则

发展保护性耕作，是政府的职责，要农机与农艺结合、工程技术与生物技术相结合，发挥农机、栽培、土肥和植保等领域专家和机构的积极性，整合资源，形成合力，加强基础研究，集成创新适合不同地区的环保、高产、低耗的生产技术模式，共同促进保护性耕作发展。

（四）坚持重点突破，协调推进的原则

推广要按照试验、示范、推广的科学程序循序渐进，根据生产条件和掌握技术的情况先易后难，选择条件好的适宜地区重点突破，及时协调推进周边地区和农民主动应用，形成连片规模以取得较好的生态和经济效益。

（五）坚持效益兼顾，服务配套的原则

保护性耕作推广工作必须同时兼顾经济效益、社会效益、生态效益，并使它们协调发展，达到整体效益最佳。应积极地开展与推广有关的综合服务和部门之间的协作，通过单个环节的配套服务和多个环节相联系的系列化服务，帮助农民得到需要的技术、物资、资金贷款以及产品加工销售等，解决农民一家一户办不了、办不好的事情。

四、垄作保护性耕作推广步骤

《中华人民共和国农业技术推广法》和《中华人民共和国农业机械化促

进法》要求，推广农业技术和农业机械产品，必须在推广地区经过试验证明具有先进性和适用性。垄作保护性耕作技术推广程序实际上也是推广工作的步骤。推广基本程序概括起来可分为“试验、示范、推广”三个阶段。

（一）试验

试验是推广项目的前提，进行正确的试验可以对垄作保护性耕作技术进行推广价值的评估。历史上不经试验就引进新技术而失败的例子很多。因此，掌握垄作保护性耕作推广试验的方法，对保护性耕作推广人员搞好推广工作十分重要。

在推广过程中，进行小区试验是将科研单位、大专院校及国内外的科研成果引入本地、本单位，在较小的面积上或以较小的规模进行试验，目的是探讨该项技术、新成果在本地的适应性和推广价值。多点试验的目的主要是进一步验证新技术的可靠性。通过试验，掌握农艺过程和操作技术，获得第一手资料，直接为生产服务。有时为了加快试验速度，也可以在以往保护性耕作技术推广工作取得丰富经验和对当地生产实际深刻了解、对新技术也有一定了解的基础上，对新技术明显不适应的部分在试验中加以改进。

（二）示范

示范是推广的最初阶段，示范的目的既是进一步验证保护性耕作技术适应性和可靠性的过程，又是树立样板对农民进行宣传教育、引导农民自觉采用保护性耕作技术的过程，同时还要逐渐扩大保护性耕作技术的使用面积，为大面积推广做准备。示范的内容，可以是单项技术措施、单个作物，也可以是多项技术的综合配套。

目前我国多采用科技示范户和建立示范田的方式进行示范。示范适应了农民的现实的心理，因此，示范的成功与否对项目推广的成效有直接的影响。

（三）培训

这是一个指导、传播技术的过程。保护性耕作技术一经进入示范阶段，就要开始着手做大面积推广的准备。如何使农民尽快掌握新技术，这是推广的关键。最好的方法是对农民进行培训，这是改变农民行为和提高农民素质最好的方法之一。培训的方法有多种：

①举办培训班。

②开办科技夜校。

③召开现场会。

④巡回指导、田间传授和实际操作。

⑤建立技术信息市场。

⑥办黑板报、编印技术要点和明白纸。

⑦通过广播、电话、电视、电影等方式宣传介绍保护性耕作技术。通过以上方法，使农民逐渐了解、掌握保护性耕作技术。

（四）推广

这是保护性耕作技术应用范围和面积迅速扩大的过程，是知识形态的潜在生产力向物质形态的现实生产力转化的过程，也是产生经济效益、社会效益和生态效益的过程。需采取宣传、培训、讲座、技术咨询、技术承包等手段，并借助行政力量以及资金、物资结合，方能使新技术在村、乡、县乃至一个省或全国推广开来。

（五）评价

评价是对推广工作进行总结的过程。由于保护性耕作技术是不断发展的，生产条件也是不断变化的，保护性耕作技术在推广过程中不可能完全适应生产发展的变化。因此，在推广过程中，应对保护性耕作技术应用情况和问题及时进行总结。推广基本结束时，要进行全面、系统的总结和评价，以便再研究、再提高，充实、完善所推广的技术，并产生新的保护性耕作技术成果。

对推广的技术或项目评价，技术经济效果是评价推广成果的主要指标，同时，也应考虑经济效益、社会效益和生态效益之间的关系，以便对推广成果做出全面和恰如其分的评价。

应该指出的是，在推广的过程中，不管进行到哪一步，都应该有一个信息的反馈过程，使推广人员及时准确掌握项目推广动态，不断发现问题和解决问题。当然推广工作要遵循推广程序，但更重要的是推广人员要根据当地实际情况灵活掌握和运用，不可生搬硬套。

五、垄作保护性耕作推广方法

（一）重点突破

重点突破是新技术推广的一项重要手段，是高新技术由理论走向实际的敲门砖。推广垄作保护性耕作技术，首要任务就是重点突破：一是对农业机械化程度较高、农业生产水平先进的地方先进行系统的宣传，让垄作保护性耕作技术在这些地方成片推广，然后再向外辐射，由点及面推广垄作技术；二是对农业种植大户进行垄作保护性耕作技术进行培训，先让这部分农民实践垄作技术，了解垄作保护性耕作相对于传统耕作的优势、产生的经济效益、社会效益和生态效益，然后通过这种示范效应推广垄作保护性耕作技术。

（二）集中宣传

垄作保护性耕作作为一种农业新技术，还不被广大农民所认同和了解，其实践也仅限于用作研究垄作的试验基地及小面积的应用。要让这种技术被广大农民所接受，主要得从两个方面入手：一是对垄作保护性耕作的技术宣传，包括其生产流程和技术难点；二是宣传应用垄作技术所产生的经济效益、社会效益和生态效益，最主要是经济效益。因为农民最为关注的就是采用这种新技术后，能给他们带来多少实际的收入，能否增产增收。集中宣传就是指定期的在某一固定场所进行大规模的垄作保护性耕作技术培训，进行垄作机具作业现场会，围绕垄作保护性耕作这个主题，借势发力，宣传和推广垄作技术。

（三）加强网络宣传

近年来，网络媒体凭借其方便、快捷以及互动的优势，在新技术、新产品的宣传方面，发挥了重要的作用，已成为人们获取和传播信息的重要渠道。推广垄作保护性耕作技术，必须得依靠网络，建立垄作保护性耕作网是必需的。在网站内，应该有对垄作保护性耕作技术系统的介绍，并着重强调这种技术的优点以及技术指南。通过网络的宣传，种植大户首先了解到垄作技术，然后再通过其带动示范，所有的种植户都能了解这种技术，并运用到实际生产中。

第十三章　垄作保护性耕作应用实例

垄作保护性耕作在东北地区推广应用过程中，得到当地农民的一致好评，以下是当地农民的一些感悟。

一、阜新蒙古族自治县平安地镇八家子村

平安地镇八家子村位于阜新蒙古族自治县最北端，与内蒙古库仑旗接壤，全村 1 648口人，农户 428 户，有耕地 3 万亩，户均 70 亩，95% 种植玉米，砂性土壤较多，地力较差。收获的大量秸秆有两个用途：一做烧柴，二做牛羊饲料，用不了的还要扔掉。所以，许多农户逐渐形成了秋收后放弃秸秆，直立越冬，放牧牛羊，春季播种前放火烧掉的做法。

2001 年本县开始搞保护性耕作，发现了这个村放弃秸秆的现象，通过详细的调查和分析，我们认为：如果从保护性耕作利用秸秆覆盖地表的要求出发，充分尊重农民现有的习惯，加以正确引导和重点扶持，就会形成一种保护性耕作技术模式。于是我们组织专业技术人员到这个村搞座谈，听取农民的想法和意见，多数农民担心秸秆处理不好会影响种地，买新的机具投资太大。能不能实现这个目标，关键的问题集中在秸秆处理、春播质量和机具投资上，因此，我们采取了具体的措施：一是选择认识高、积极性高、威信高的张兴雅做典型示范户，重点扶持，做好试验。二是选择多种机型做秸秆处理的试验，如黑山产 1BZP-2. 5 圆盘重耙和轻耙、阜蒙县王府二厂产 4QW-155B 型秸秆切碎还田旋耕机、四平市农丰乐机械制造有限公司 1GX-2. C 型普通灭茬机。三是用康平播种机厂生产的免耕播种机和普通 702 型播种机两种机型播种。四是及时测试、对比、总结。

在试验的过程中，我们打破常规，以农民手中现有的机型为重点。用圆盘耙和灭茬机进行秸秆处理的地块，20% ~30% 地表覆盖的秸秆长度在 15 ~25cm，个别长的达 50cm，采用 702 播种机双行播种，堵塞的问题比较严重，我们就采用单行试播，却发现开沟的大雁翅铧子驮土，就又将大铧和分土板改小，结果播种正常。经测试出苗率达 93%，亩产 629kg/亩，与传

统耕作相比，保护性耕作地块没有缺苗、减产的现象，不但实现了机械化保护性耕作生产，还让农民手中的机具派上了用场。

第二年春播前我们加大了宣传的力度，抓住防风固土、培肥地力、蓄水保墒几个关键的问题，进行了大量入户宣传工作，准备在全村推广，却发现有些村民还是持有怀疑的态度，偷着放火烧秸秆。我们立即向当地乡政府汇报了此事，寻求政府的支持，结果乡政府领导认识非常高，大力支持这项技术的推广，派出了5名乡干部，专门负责该村放火烧秸秆的巡逻工作，从而保住了耕地里的秸秆。在此期间，农机局购置圆盘耙和秸秆切碎还田机，以免费租用的形式投放到这个村，抽调多人前往八家子村，协助农户检修机具，指导使用，以保证春季的正常作业。

通过3年多的不懈努力和典型示范户张兴雅的有效带动，以八家子村为代表的保护耕作整秆覆盖技术模式已经形成，带动了土城子和黑石营子两个村，2005年全乡整秆覆盖作业面积达3.01万亩，2007年这个村保护性耕作面积达2.3万亩，占全村耕地77%。在这期间，示范户张兴雅到黑土地做节目出了名，租用圆盘耙从事保护性耕作作业的吴光耀也挣了钱，防风固土、培肥地力、蓄水保墒的效果日益显现，被广大农民所认可。如今这个地区的村民已不再笑话地表埋汰了，把地表搂的溜干净看成愚蠢的行为。在本县平安地镇八家子村和土城子已初步形成了保护性耕作长效机制，秋季收获后村民自觉保留秸秆越冬，春季用灭茬机或重耙进行秸秆和根茬粗放处理，然后用改制的普通播种机进行单行播种或用直刀切茬精（少）量播种施肥机直接播种，不用政府补贴。实现了保护性耕作秸秆处理上的突破，保护性耕作在这个地区已经初步形成自我发展的局面。

二、保护性耕作的带头人——张兴雅

张兴雅是阜蒙县平安地镇、八家子村村民，自家有90亩地。在他的带动下实施了整秆覆盖保护性耕作，解决了长期以来，一直困扰村民的大量秸秆无法处理和土地瘠薄的问题，全村整秆覆盖模式每年都在2万亩以上。

2001年，县农机局保护性耕作技术人员到这个村讲课，张兴雅听完后就动了心，过了几天带着问题找到了技术人员，并提出要到保护性耕作试验田看一看。技术小组的同志了解到，张兴雅是乡亲们公认有头脑的人，威信比较高，对新事物认识快、有积极性，是难得的带头人和示范户。在观看了保护性耕作试验田作业后欣然同意参与项目示范。县农机局在技术指导和机具方面给予大力支持，张兴雅开始在自家的90多亩地里搞保护性耕作试验示范，万事开头难，那年春季种地时，看到地表乱七八糟地铺着一层长短不齐的秸秆，老父亲生气的骂他不是庄稼人，妻子怨他不会过日子，乡亲们也说他是蛮干。张兴雅虽然有思想准备，可是看到这种地表心里也犯开了合计，盼着出苗成了他的心事，三天两头往地里跑，等到地里的小苗出的齐刷刷的，技术人员告诉他出苗率达95%时，他终于松了一口气，高兴地说：能正常出苗，就是我第一个成功。从此，他搞试验的决心更加坚定了。为了能让保护性耕作在这里生根发芽，让乡亲们自觉应用这项技术，技术人员与张兴雅商量决定按照乡亲们原有的耕作习惯试验，即秋收后放弃秸秆，直立越冬，放牧牛羊，春季处理秸秆后播种。农机局选用了山东产1BZ-2. 5型24片偏置缺口重耙和我县农机二厂生产的4QW-155B型秸秆切碎还田旋耕机，春季进行秸秆处理，然后采用康平产2BF-702B型免耕精量播种机，结果庄稼长势喜人，年终亩产达615kg。从根本破除了春季种地前烧秸秆，否则不易出苗的说法。这时的张兴雅说：春天不烧秸秆，照样种地打粮，就是我的第二个成功。在此基础上，技术人员与张兴雅又在谋划下一步的试验，就是能否利用农民手中现有的机具进行保护性耕作作业，这样当地农民会自觉接受这项技术。开始试着用四平产双行灭茬机作业，秸秆长的达40～50cm，采用普通702A播种机，双行作业有堵塞现象，就采用单行的作业，同时将大铧改小，结果播种进行得很顺利，长的秸秆也乖乖顺在垄沟中，这时的张兴雅胸有成竹地说：在我们这搞保护性耕作，不用多花钱，二等地就能变一等地，这是我的第三个成功。

经过3年的试验，张兴雅家的土地变黑了、土壤墒情好了，庄稼长的又黑又绿。许多好奇的村民亲手称他家的产量，也是想亲手称称保护性耕作的分量，结果张兴雅的90亩地增产粮食4 500kg，直接增收2 000元。在事实面前，乡亲们信服了，纷纷要求跟着他搞保护性耕作。2004年张兴雅搞保护性耕作的事，被辽宁电视台《黑土地》节目播出，从那以后他成了十里八村的名人，邻村的农民也来向他请教，保护性耕作技术在这里迅速展开。现在临近的土城子、黑石营子等村都跟着搞了起来，2007年全乡整秆覆盖模式就发展近4万亩。农民说：保护性耕作是个宝，秸秆覆盖有功效。肥水聚集跑不了，种地省事成本少。减少风蚀和水蚀，增产增收还环保。特别是对于高茬覆盖模式，农民形象地说：高茬如铆钉，固土又防风，保水又保苗，打粮又轻松。充分反映出本县农民应用保护性耕作后的喜悦心情。

三、一个种粮大户的自述

我叫崔永青，今年53岁，是彰武县东六家子镇农民。几年来，我家靠开展保护性耕作玉米连年增产，成了远近闻名的玉米种植大户，走上了富裕之路。而为我们开启致富大门的是保护性耕作技术。我15岁丧失父母，和姐姐相依为命，家境一直比较贫寒，结婚后，日子过得也不宽裕，是保护性耕作使我由穷变富。而今我家拥有11万多元的轿车一辆，拖拉机、联合收获机、灭茬机、旋耕机、气吸式玉米精量播种机等农用机械14台套，总价值达22万余元，平均年产玉米35万kg，年收入28万多元，纯收入15万多元。

从1996年开始，我在镇里陆续承包了700亩土地，由于土地贫瘠、风刨沙压、干旱，加之经营管理不善，连年亏损，入不抵出，不但承包费交不上，而且还欠了一堆债。

2002年，县里提倡搞保护性耕作，动员我采用保护性耕作方式种田，还出钱、出设备、出技术员帮助我在500亩地上，实施了机械收获秸秆粉碎还田，然后用灭茬机浅旋苗带模式的保护性耕作。也是从这一年开始，我尝到了保护性耕作的甜头。

说实在的，开始搞保护性耕作，我也是不托底的，内心顾虑很大：秸秆卖不卖钱是小事，把苞米秆子整到地里，把地里弄得乱呼呼的，我当了大半辈子的庄稼人，街坊邻居会笑话我拿土地开玩笑，土地可是咱农民的命根子呀，再说了，东挪西借的，花了那么多的钱承包下来的土地，就这么“随便种”，我心里总觉得不是滋味。

要说县农机局的领导真有耐心。他们看我有顾虑，三番五次来我家，坐在炕上唠家常，讲农业旱灾、土地贫瘠、沙尘天气，讲新农机具的使用，讲科学种田的方法，说得条条是道，还让我参加了局里举办的保护性耕作培训班，给我送来《保护性耕作技术简明问答》《保护性耕作技术实用手册》和保护性耕作宣传光盘。为了打消我的顾虑，县农机局承诺如果因实施保护性耕作造成减产，他们负责赔偿相应的损失，还协调镇里、村里领导为我接续承包合同。就这样，我在将信将疑中接受了局领导的建议，同意在我的地里搞试点，按照保护性耕作的方法处理玉米秸秆。我没有机器，2002年秋天，局里借给我2台玉米收获机，还派来2名技术员住在我家，帮我收玉米，教我怎样使用玉米收获机。在农机局和镇、村干部的帮助下，我家500亩玉米全部实施了碎秆覆盖保护性耕作。

2003 年的春天，惊喜向我走来：那一年春天，我们这儿干旱特别严重，别人家的地里全是干土，而我家地里被秸秆覆盖的地方还有湿土。我家及时种上了地，别人家干着急，就是种不了。眼看农时就要过去，他们只好浇水种，尽管费了好大的劲，还是严重缺苗。而我家一次没浇水，苗不但出来了，而且出得非常整齐，我发现秸秆覆盖在地表，就像地膜一样保留着水分。这就是保护性耕作抗旱保全苗，促进增产增收的重要因素之一。

在秧苗长到 40cm 时，由于天气炎热，别人家的地里秧苗被晒得都打了蔫，而我家的地里秧苗一点没蔫，临近的农户非常纳闷，就跑到我家地里去看，问我怎么回事儿。我就跟他们讲："6 月 8 日下的第一场雨，雨量不足，你们家的地里的水分被太阳一晒就干了，水分早就蒸发没了，土壤非常缺水，秧苗自然打蔫，而我家的地里有大量的秸秆碎碴，下雨时吸足了水分，增加了雨水的入渗，同时又由于秸秆覆盖，阻止了水分的蒸发，所以我家的地里秧苗一点没蔫。"

2003 年快要秋收的时候，我到地里一看，秸秆好像都没了，我就弯下腰，扒了扒土，土里全是细碎的秸秆，有的已经腐烂发黑了，变成了细碎的丝状物，块大的也已经变得酥松，用手一捏就碎了。我恍然大悟：这腐烂的秸秆不就是肥料吗？难怪别人家的玉米都枯黄了，而我家的玉米又粗又高又绿，玉米穗又大，就是到收割时大多数玉米秆都是绿的。

2003 年的秋天，乡农科站来测产，同样的品种，我家的玉米棒大、粒足，沉甸甸的，亩产 550kg，而别人家的只有八九百斤（1 斤 = 500g）。6 月 8 日才下第一场小雨，这在我们当地历史上是罕见的，就在这样的春旱之年，我家 500 亩地收获玉米 22.5 万 kg，而且赶上了市场粮价高（每斤 0.57 元），当年收入达到了 30 万元，获纯利 20 万元。

我对保护性耕作不但是深信不疑，而且是一往情深了，它不但让我一举摆脱了贫困，而且使我走上了小康之路，看我对搞保护性耕作劲头越来越大，县农机局的领导更加支持我，不但在技术方面加强指导，而且给我作业补贴。单行玉米收获机搞玉米摘穗、秸秆还田效率太低，故障又多。2003 年秋天，局领导就从农机服务中心调来大型秸秆还田机，帮助我搞秸秆还田作业。看到我的示范效果一年比一年好，农机局领导又开始帮我研究解决自我发展问题。2004 年春季，县农机局为我补贴 3 000元购买了气吸式精量播种机，原来春天种地需要 20 多天，现在只用 7 天就把地种完了。我计算了一下，每年节省种子、人工、油料 8 000多元。在县农机局的支持下，我又更新了拖拉机，购买灭茬机等农用设备。设备齐全了、先进了，我按县农机局指导的技术模式和规程严格操作。积极性不但越来越高了，而且掌握了一定技术，我种起地来得心应手。2004 年，我又在周围包了 170 多亩地。

2004 年，雨水调和，一样上化肥，我家的玉米比别人家的更显得黑绿黑绿的。秋天下来，亩产 650多 kg，看到丰收的玉米棒子入仓，我的心里就像吃了蜂蜜一样甜。大家说，满院子的玉米一卖，大把大把的钞票进了腰包，谁不高兴啊！保护性耕作使我的日子越过越红火，真是芝麻开花节节高。

有人说保护性耕作旱年头行，涝年头肯定不行。2005 年、2006 年两年，我们这里春季雨水特别大，我的地里照样土质疏松，通气好，墒情适度。我使用四行气吸式精量播种机，700 亩地几天就种完了。

几年来，实施玉米整秆还田保护性耕作，为我带来了实实在在的效益。我永远忘不了农机局领导对我的关心和帮助。2005 年 8 月 15 日，天降大雨，闪电伴着雷鸣，农机局领导带领科技人员顶风冒雨来我家，他们关心我的保护性耕作地块排水情况，由于雨大车无法正常行驶，打着伞顶着大雨来到地里。看到我的庄稼地里没有内涝和过量积水，长势很好，他们都非常高兴。在谈到我家未来的发展时，局领导还说在技术和农业机械的购买上进一步给予我帮助和支持，鼓励我搞好试点，进而带动更多的村民都搞保护性耕作，走共同富裕之路，感动得我们夫妻热泪盈眶。

由于土地逐年肥沃，节省了化肥的投入，减少了成本。今年，我亩施底肥减少了 10kg，亩追肥减少了 10kg，亩节省化肥投入 40 元。

由于实施保护性耕作的地块，春季墒情好，我实施了精少量播种，别人家亩投玉米种 3.5～4.5kg，我投入 2～3kg，每亩平均节省种子 1.5kg，按每斤种子 5.5 元计算，亩节省成本 16.5 元。

实施保护性耕作五年平均亩增产 75kg，按每斤玉米 0.6 元计算，每亩增收 90 元。

连增产带节本，平均每亩增加收益 146.5 元，5 年下来，为我多带来 36 万元收益。

今年，是我实行保护性耕作第六个年头，土地的增产效果越来越明显，土质疏松，地里有机质特别多，用手一攥颗粒状的土壤能抱团，粮食连年增产，我也因此成了种地的能手、镇里的产粮大户和远近闻名的富裕户。面对村民们前来请教，我毫无保留地向他们讲述保护性耕作的方法和技术。在我的影响下，周围近 2 000亩地的农民也都陆续搞起了保护性耕作。看到乡亲们的粮垛一年比一年高起来，我感到十分欣慰和充实。几年来，我实施保护性耕作，得到了实实在在的利益，也积累了一些经验，有了一定的积蓄，同时，也向机械化迈出了一大步，受到了市、县政府的奖励，省电视台、报社多次来采访我，县农机局还为我录了电视片在县电视台播放，宣传我的经验和做法。但我深知离现代农业的要求，还有很大差距。我要继续学习、探索。学习农业机械化新技术，探索改变传统落后农业耕作的新模式、新方法，为乡亲们带个好头，为农业机械化早日实现贡献出自己一份力量。

四、辽宁阜新蒙古族自治县泡子农场

地处辽宁省北部，科尔沁沙地南部，距县城东南78km。现有耕地面积1 400hm^2，其中2/3为盐碱地，年种植面积达1 200hm^2，砂性土壤较多，地力较差。主栽作物为玉米，年产粮1.1万t。收获的大量秸秆有两个用途：一做烧柴，二做牛羊饲料，用不了的还要扔掉。所以，许多农户逐渐形成了秋收后秸秆直立越冬，放牧牛羊，春季播种前放火烧掉的做法。

泡子农场是成立于1952年的全民所有制国有企业，目前，有职工1 006人，管理人员20人，其中：高级农艺师1人，中级职称2人，助工9人，技术员7人。农业机械设备有：802型履带式拖拉机2台，904型和60型轮式拖拉机各1台，小四轮拖拉机30台，农用三轮车45辆，玉米联合收获机1台，大豆收割机1台，播种机、喷药机和其他整地机械等各种机具47台（套）。

2002年，在县农机局的指导下，农场开始小面积试验保护性耕作技术，2003年农场大面积应用，并结合改良盐碱地，在盐碱地块每隔25m挖一条深1.5m、宽2.5m的排涝和排盐碱沟。2005年春季播种期间，全部采用大型六行气吸式精量播种机和小型双行气吸式精量播种机播种玉米346.7hm^2，表现出苗全、苗齐、苗壮、土壤含水率高等特点，节种22.5～30kg/hm^2，节省人工13.5工日/hm^2，直接节支效益达15万元，可见，保护性耕作技术的应用蕴藏着巨大的经济效益，凸显出保护性耕作技术和机械化的优势。

2006年，农场又购置了中垦4YX-3H型玉米收获机，秋季玉米机收单机作业达233.3hm^2，对外作业服务的能力增强了，周边的村民纷纷效仿。

经过4年的保护性耕作应用，盐碱地得到有效治理，土壤物理性状发生了改变，抗旱能力大大提高，土壤颜色变深，有机质含量明显增加，比传统耕作地块平均高0.1%。作物长势明显优于传统耕作地块，玉米单产明显提高，与早期盐碱地产量相比最高增产量达3 000kg/hm^2。

近几年，农场积极采用保护性耕作技术，年实施面积达666.7hm^2，农场准备在今后二年内全面应用保护性耕作技术，辐射带动周边地区农户应用，推动该地区农业机械化快速发展，使保护性耕作技术成为当地新农村建设和发展抗旱农业中的一项有力的措施。

五、内蒙古赤峰市松山区

内蒙古赤峰市松山区位于西辽河流域中上游、科尔沁沙地南缘的燕山丘陵区。属半干旱大陆性季风气候，年>10℃积温2 900～3 200℃，年均光照时数2 900h，年平均降水量380mm左右，主要集中在7、8月份。秋冬少雪，春季风大少雨，年蒸发量在2 000～2 300mm，是年降水量的5倍，春旱频发，素有“十年九春旱”之称，粮食产量低而不稳，2000年，全区粮食平均产量为4 800kg/hm^2。总耕地面积13万hm^2，其中水浇地5.9万hm^2。

2000年，松山区农机推广站在五三镇大西牛村建立2.7 hm^2的保护性耕作试验研究基地，重点试验以松代耕、免耕播种等保护性耕作技术模式。为此，松山区农机局筹集了80多万元资金，购置了迪尔654拖拉机2台、北京农大2BMF-4D免耕施肥覆盖播种机1台，天津振兴1S-180全方位深松机1台，亚澳-200型旋播机1台，成立了农机推广服务队，在试验基地开展保护性耕作作业。

2002年，大西牛村4组100hm^2耕地列入保护性耕作技术示范项目区之一。由于当地缺乏保护性耕作机具，松山区农机推广服务队免费承担了100hm^2的深松、播种任务，又新购置迪尔654型拖拉机2台，2BM-9型免耕播种机1台、陕西户县1S-5/7型深松机4台、通辽富华2BQ-6型气吸式玉米免耕播种机1台、宁城金辉2BF-3/4型玉米免耕播种机3台，当年完成深松作业800 hm^2，完成免耕播种面积333.3hm^2，占松山区保护性耕作示范项目任务量的50%。

通过一年的实施，经过农业部门测产，玉米产量较上年增产30%。2003年，大西牛村又有4个村民组主动要求实施保护性耕作，全村85%耕地实施了保护性耕作。五三镇大西牛村当地和周边地区的一些农户开始购置大中型动力机械和保护性耕作机具，区农机局利用保护性耕作项目资金补助购置深松机、2BMF-3/4型免耕播种机等249台，并以乡镇为单位，依托乡镇农机站，组建了7个松散型保护性耕作农机作业服务队进行保护性耕作作业，当年，完成保护性耕作面积2 000hm^2，占全区保护性耕作实施面积的75%以上。

为了建立保护性耕作长效运行机制，松山区农机推广服务队开始退出原有核心项目区的作业，开辟新的保护性耕作技术项目区。在老项目区由农机局对农机户进行保护性耕作技术培训，将农户零散的机具统一组织起来，开展保护性耕作有偿作业服务，农机户仅向农户收取成本费，农机部门按照农机户作业面积给予一定的补贴。

2005 年，松山区第一家农民自己创办的农机社会化服务组织——赤峰兴农农机服务队成立，服务队拥有大中型动力机械 14 台，各类农机具 40 多台套，其中保护性耕作机具达到 30 多台套。兴农农机服务队在组织自有保护性耕作机具进行作业的同时，还吸收社会上零散的保护性耕作机具，开展保护性耕作有偿作业服务，当年，兴农农机服务队完成机械化深松面积 2 000hm^2，免少耕播种面积 1 300多 hm^2；全区完成深松作业面积 4 670hm^2，免耕播种面积 7 300余 hm^2。

2007 年，赤峰兴农农机服务队联合松山区农机推广服务队和穆家营镇的部分农机户和农民注册成立了松山区第一家农机合作组织——惠农农机服务专业合作社。松山区农机局对农机专业合作社在农机购置数量、保护性耕作机具累加补贴方面给予支持，鼓励支持合作社自主开展保护性耕作技术服务。

2008 年，松山区继续探索保护性耕作技术推广的长效运行机制，在支农惠农政策和保护性耕作专项资金支持下，大力扶持农机社会化服务组织建设，组织农机专业合作社，批量购置保护性耕作机械及动力机械，不断扩大保护性耕作技术应用面积。

参考文献

[1] 高焕文. 保护性耕作技术与机具 [M]. 北京：化学工业出版社. 2004.

[2] 高焕文. 保护性耕作关键技术与理念 [J]. 四川农机，2005，4：22～23.

[3] 高焕文. 我国保护性耕作的发展形势与问题探讨 [J]. 山东农机化，2006 (10)：9～10.

[4] 宗锦耀. 中国保护性耕作 [M]. 北京：中国农业出版社. 2005.

[5] 中华人民共和国农业部. 中国农业年鉴 [M]. 北京：2004.

[6] 娄成后. 现代农业的免耕法 [M]. 北京：农业出版社，1979. 35～36.

[7] 王旭清，王法宏，任德昌，等. 作物垄作栽培增产机理及技术研究进展 [J]. 山东农业科学，2001 (3)：41～45.

[8] 汪忠华. 横坡分带压茬垄种玉米的增产效果和对土壤肥力的影响研究 [J]. 耕作与栽培，1993 (1)：57～62.

[9] 郑飞，孙向辉，邵云辉，等. 垄作栽培对冬小麦根系及其发育环境的影响 [J]. 河南农业科学，2005 (5)：11～14.

[10] Limon, O., Sayre, K. D., Francis, C. A. Wheat and maize yields in response to straw management and nitrogen under a bed planting system. Agron. J, 2000, 92: 295～302.

[11] Liu, M. X., Wang, J. A., Yan, P., et al.. Wind tunnel simulation of ridge-tillage effects on soil erosion from cropland. Soil and Tillage Research, 2006, 90: 242～249.

[12] Waddell, J. T., Weil, R. R., et al.. Effects of fertilizer placement on solute leaching under ridge tillage and no tllage. Soil and Tillage Research. 2006, 90: 194～204.

[13] Hulugalle, N. R.. Effect of tied ridges on soil water content, evapo-

transpiration, root growth and yield of cowpeas in the Sudan Savanna of Burkina Faso. Field Crop Research, 1987, 17 (3 ~4): 219 ~228.

[14] Tisdall, J. M., Hodgson, A. S.. Ridge tillage in Australia: a review. Soil and Tillage Research, 1990, 18 (2 ~3): 127 ~144.

[15] Singh, Y., Humphreys, E., Kukal, S. S., et al.. Crop performance in permanent raised bed rice-wheat cropping system in Punjab, India. Field Crops Research, 2009, 110: 1 ~20.

[16] Humphreys, E., Meisner, C., Gupta, R. K., Timsina, J., Beecher, H. G., Tang, Y. Lu, Singh, Yadvinder, Gill, M. A., Masih, I, Guo, Zheng Jia, Thompson, J. A., 2005. Water saving in rice - wheat systems. J. Plant Prod. Sci., 8, 242 ~258.

[17] Humphreys, E., Masih, I., Kukal, S. S., Turral, H., Sikka, A., 2007. Increasing field-scale water productivity of rice - wheat systems in the Indo-Gangetic Basin. In: Aggarwal, P. K., Ladha, J. K., Singh, R. K., Devakumar, C., Hardy, B. (Eds.), Proceedings of the 26th International Rice Research Conference, 9-12 October 2006, New Delhi, India. International Rice Research Institute and National Academy of Agricultural Sciences. Los Ban? os (Philippines) /New Delhi (India). Printed by Macmillan India Ltd., 321 p.

[18] Bell, M. A., Fischer, D. B., Shyre, K.. Genetic and agronomic contrubtutions to yield gains: A case study for wheat. 1995, 44: 55 ~65.

[19] Sayre, K. D., Moreno, R. O. Application of raised-bed planting system to wheat. Wheat Special Report no. 31. Mexico, DF: CIMMYT. 362, 1997.

[20] Hobbs, P. R., Gupta, R. K., 2000. Soil and crop management practices for enhanced productivity of the rice - wheat cropping system in the Sichuan Province of China. In: Rice - Wheat Consortium Paper Series 9, RWC, New Delhi, India. OFWM, 2002. Impact Assessment of Resource Conservation Technologies (Rice - Wheat) DFID Project 1999 ~ 2002. Directorate General Agriculture Water Management, Lahore, Pakistan.

[21] Talukdar, A. A. M. H. M., Sufian, M. A., Meisner, C. A., Duxbury, J. M., Lauren, J. G., Hossain, A. B. S., 2002. Enhancing food security in warmer areas through permanent raised-bed in wheat: save water and reduce global warming. In: Poster Paper at 2nd International Group Meeting on 'Wheat Technologies for Warmer Areas'. Agharkar Research Institute, Pune, India,

23 ~26 September 2002 Available at www. cimmyt. org/bangladesh.

[22] 罗红旗，高焕文，刘安东，等. 玉米垄作免耕播种机研究 [J]. 农业机械学报，2006，37（4）：45 ~63.

[23] 李卫，李问盈，孙先鹏. 几种圆盘驱动破茬开沟性能的土槽试验比较 [J]. 农机化研究，2008，8：127 ~129，133.

[24] 中国农业机械化科学研究院. 农业机械设计手册：上册 [M]. 北京：机械工业出版社，1988. 185 ~190.

[25] 蒋金琳. 玉米免耕播种机切茬挖茬装置研究 [D]. 北京：中国农业大学，2004.

[26] 高焕文. 保护性耕作技术与机具 [M]. 北京：化学工业出版社，2004.

[27] Vamerali T, Bertocco M, Sartori. Effects of a new wide-sweep opener for no-till planter on seed zone properties and root establishment in maize (Zea mays, L.): A comparison with double-disk opener [J]. Soil & Tillage Research, 2006, 89: 196 ~209.

[28] Damora D, Pandey K P. Evaluation of performance of furrow openers of combined seed and fertilizer drills [J]. Soil and Tillage Research, 1995, 34 (1): 127 ~139.

[29] 贾铭钰. 免耕播种机镇压装置的试验研究及计算机辅助设计 [D]. 北京：中国农业大学，2000.

[30] 高玉璐. 免耕播种机地轮滑移现象的研究 [D]. 北京：中国农业大学，2001.

[31] 曹文虎，宁吉洲. 小型通用机架（2BT-3/4）排肥机构的选试与分析 [J]. 河北农业大学学报，1996，19（2）：72 ~76.

[32] 刘文忠，赵满全，王文明. 气吸式排种装置排种性能分析 [J]. 农机化研究，2008，5：45 ~47.

[33] 朱光明. 五圆盘开沟防堵免耕播种机的研究 [D]. 北京：中国农业大学，2008.

[34] 农业部农机鉴定总站. 旱田中耕追肥机试验方法. 北京：2008.

[35] 姚宗路. 小麦对行免耕播种机的改进研究 [D]. 北京：中国农业大学，2005.

[36] 罗红旗. 玉米根茬地垄作免耕播种机研究 [D]. 北京：中国农业大学，2006.

［37］何进.北方灌溉区固定垄保护性耕作技术研究［D］. 北京：中国农业大学，2007.

［38］吴仕宏，李宝筏，包文育.新型垄作耕播机破茬清垄装置的研究.农机化研究，2007（1）：116～122.

［39］李宝筏，刘安东，包文育，等.东北垄作滚动圆盘式耕播机［J］.农业机械学报，2006，37（5）：57～59.

［40］陈素英，张喜英，裴冬，等.玉米秸秆覆盖对麦田土壤温度和土壤蒸发的影响［J］. 农业工程学报，2005，21（10）：171～173.

［41］丁昆仑，Hann M J.耕作措施对土壤特性及作物产量的影响［J］.农业工程学报，2000，16（3）：28～32.

［42］于舜章.冬小麦期覆盖秸秆对夏玉米土壤水分动态变化及产量的影响［J］. 水土保持学报，2004，18（6）：175～179.

［43］付国占，李潮海，王俊忠，等.残茬覆盖与耕作方式对土壤性状及夏玉米水分利用效率的影响［J］. 农业工程学报，2005，21（1）：52～56.

［44］邵明安，王全九，黄明斌.土壤物理学［M］. 北京：高等教育出版社.2006.

［45］Bruce，R. R.，Luxmoore，R. J. Water retention：field methods.［M］// Klute A. Methods of soil Analysis. Part Ⅰ，Monograph 9. Madison：American Society of Agronomy，1986.

［46］王晓燕，高焕文，李玉霞，等.拖拉机轮胎压实对土壤水分入渗与地表径流的影响［J］. 干旱地区农业研究，2000，18（4）：57～60.

［47］赵凤霞，温晓霞，杜世平，等.渭北地区残茬（秸秆）覆盖农田生态效应及应用技术实例.干旱地区农业研究，2005，23（3）：90～85.

［48］陈怀亮，张雪芬.玉米生产农业气象服务［M］. 北京：气象出版社，1999.25.

［49］周苏枚，李潮海，常思敏，等.垄作栽培对夏玉米生态环境及生长发育的影响［J］. 河南农业大学学报，2000，33（3）：206～209.

［50］张雯，衣莹，侯立白.辽西地区垄作保护性耕作方式对玉米产量效应的影响研究［J］. 玉米科学，2007，15（5）：96～99，103.

［51］张陆海，安世才，林肃，等.甘肃河西灌区固定道垄作保护性耕作技术试验研究.2009年甘肃农业机械化发展高峰论坛.

［52］何进，李洪文，朱国辉，等.固定宽垄沟灌保护性耕作条件下松

垄作业的试验［J］．节水灌溉，2007（4）：27～30，33．

［53］王同朝，王燕，卫丽，等．作物垄作栽培法研究进展［J］．河南农业大学学报，2005，39（4）：377～382．

［54］张培峰，葛勇．适合黑龙江玉米垄作保护性耕作的机具［J］．现代化农业，2008（4）：31～32．